Le Millénarisme climatique

Jean Ledieu

Le Millénarisme climatique

Le suicide assisté de l'Europe

ISBN numérique : 9791040573913

EAN papier : 9791040573920

Librinova

Courriel : contact@librinova.com
Internet : www.librinova.com

« Ayez la sérénité d'accepter ce que vous ne pouvez changer, le courage de changer ce que vous pouvez et, surtout, la sagesse d'en connaître la différence »

Marc Aurèle

Préface

Pourquoi ce sous-titre ?

Non, il ne s'agit pas d'une provocation. En lisant ce livre, vous allez comprendre comment depuis une vingtaine d'années, pour des raisons de naïvetés géopolitiques et idéologiques l'Europe a abandonné progressivement une doctrine qui avait fait sa force lors de la création de la CECA : « disposer d'une énergie abondante et bon marché pour tous ».

À force de renoncements géostratégiques, de peur hystérique du nucléaire, d'interdits écologiques idéologiques (plus d'utilisation, plus de recherche, plus de forage pour extraire des énergies fossiles), de dépenses monstrueuses pour faire émerger ex-nihilo des technologies de production d'électricité intermittentes et non efficientes, l'Europe s'est enferrée sur l'épée de ses adversaires.

Depuis 2004, Vladimir Poutine a été à la manœuvre pour que l'Europe passe la tête dans le nœud coulant de son piège énergétique. C'est à cette époque qu'il accompagna adroitement l'Allemagne dans ses choix écologiques d'abandon progressif de ses centrales à charbon – lignite et de ses centrales nucléaires pour passer à des centrales fonctionnant au gaz naturel russe, bien moins polluant et bien moins dangereux. Bien évidemment ce choix était alléchant car non seulement le prix de cette ressource d'énergie primaire était très attractif mais elle allait être livrée à domicile via un gazoduc reliant directement la

Russie à l'Allemagne en passant par la Baltique : Nord Stream 1.

Aveuglée par son mercantilisme, l'Allemagne a alors fait fi de toute prudence relative à sa souveraineté énergétique. Elle s'est prise à rêver au pouvoir angélique du doux commerce pour imposer la paix, entraînant toute l'Europe à sa suite. Avec un ancien chancelier, Gerhard Schroeder, qui avait accédé au rang d'administrateur au sein de Gazprom, et une chancelière en titre, Angela Merkel, qui allait devenir l'interlocutrice privilégiée de Vladimir Poutine pour représenter l'Europe, la Russie n'avait plus qu'à tirer tout doucement sur la corde. L'argent coulait à flot pour remplir ses caisses et financer ses projets belliqueux pendant que des toasts étaient portés aux intérêts mutuels des partenaires économiques. Pourtant, bien avant la signature du contrat du nouveau gazoduc s'étirant sous la Baltique, au tournant du millénaire, les événements de Tchétchénie aurait dû mettre la puce à l'oreille des européens. Ils ne pouvaient ignorer que la deuxième guerre de Tchétchénie s'était terminée dans un effroyable bain de sang et une répression féroce. Cela se confirma quelques années plus tard avec l'invasion de la Géorgie en 2008 (Ossétie du sud, Abkhazie). À part une réaction solitaire de la France, l'Europe resta sur son quant à soi.

Humilié par le démantèlement de l'URSS le 26 décembre 1991, événement qu'il avait considéré comme la plus grande catastrophe du siècle, le petit télégraphiste de Dresde qui était devenu entretemps par un concours de circonstances incroyables le tsar impérial de toutes les Russie [1], tenait enfin sa revanche.

1. Cette ascension prodigieuse du maître du Kremlin est racontée par le menu dans le livre de Giuliano da Empoli « Le Mage du Kremlin ».

En 2011, le tsunami de Fukushima vint le servir fort à propos. Quoique cette catastrophe ne fit aucune « victime nucléaire » consécutive à la submersion des réacteurs de la centrale électrique japonaise, l'Europe a été prise d'une peur panique. Elle s'est détournée d'un coup de ce qui avait fait sa force jusque-là, une production électrique bon marché et diversifiée dans ses besoins en énergie primaire.

Sous la pression des écologistes et avec l'assentiment surprenant d'Angela Merkel, l'Allemagne a alors décidé d'un plan de fermeture irréversible de toutes ses centrales nucléaires. La dernière vient d'ailleurs d'être fermée [2], par pure idéologie d'ailleurs, alors que l'Allemagne se débat encore dans un repli économique sans précédent depuis 2022.

Après des années de travaux, le gazoduc Nord Stream 1 qui avait été décidé en 2005 était pratiquement achevé. Il fut mis en service en 2012. L'Allemagne s'engagea alors encore plus aveuglément dans un incroyable abandon de souveraineté sur la maitrise et la diversification de ses besoins en énergies primaires. Ce faisant, elle en profita aussi pour asseoir son leadership économique sur l'Union Européenne (UE). C'était un des buts visés par Vladimir Poutine qui se réalisait. Profitant de son influence l'Allemagne accentua encore la pression sur ses partenaires pour que l'énergie nucléaire soit bannie de l'espace européen.

Sous les présidences de Nicolas Sarkozy et de François Hollande, la France céda elle aussi à la pression de ses écologistes emmenés par Nicolas Hulot. Elle se laissa entraîner dans un plan de fermetures programmées de centrales et d'entretien à minima de son parc nucléaire qui

2. Après de basses manœuvres des Grünen qui ont falsifiés certains rapports pour arriver à leurs fins : les « Habeck papers », Robert Habeck étant ministre allemand de l 'économie et du climat.

avait pourtant fait sa fortune pendant les trente glorieuses. La France perdait par la même occasion savoir-faire et prééminence pour cette filière où elle avait excellé pendant tant d'années. Heureusement et au grand dam des écologistes, le plan de fermeture français était moins avancé et moins drastique que celui de l'Allemagne. In fine, seule l'ancienne centrale de Fessenheim fut fermée en 2020, alors que la France était quand même en plein marasme énergétique.

Pendant toutes ces années alors que son savoir-faire nucléaire partait à vau-l'eau, la France, comme beaucoup d'autres pays, dépensa des milliards (qui feront d'ailleurs la fortune de fournisseurs chinois) pour développer des filières alternatives de production d'électricité basées sur de l'énergie primaire renouvelable et « gratuite », certes mais non pilotable, intermittente et bien peu efficiente (les éoliennes avec le vent et les fermes solaires avec le soleil). Ainsi, bien avant la catastrophe de l'agression russe de l'Ukraine en 2022 et malgré les coups de semonce qu'avaient été la mise sous tutelle russe du Donbass et l'annexion pure et simple de la Crimée en 2014, l'Europe persista dans son aveuglement. Elle continua à désarmer, ne se rendant pas compte qu'elle ne faisait que resserrer le garrot qui commençait à l'étrangler.

En effet, accablées par le montant des investissements à consentir pour le développement de la filière des énergies renouvelables, les sociétés européennes d'électricité furent mises à contribution pour répercuter ces coûts sous la forme de taxes diverses et variées, tout en négligeant ce qui les avait fait vivre jusque-là. C'est ainsi que le coût de l'électricité commença à croître inexorablement, pour sauver la planète, quitte à la défigurer d'ailleurs !

La bombe explosa le 24 février 2022 avec l'invasion russe de l'Ukraine. C'est alors que les écailles tombèrent des yeux de nos bons stratèges écologistes. D'un coup, le gaz russe qui alimentait la machine de guerre de Poutine devint à proscrire. Mais l'Europe, et particulièrement l'Allemagne, ne pouvait plus s'en passer ! Nous étions devenus dépendants, le piège s'était refermé ! Beaucoup de particuliers et de sociétés virent leurs dépenses énergétiques exploser tant et si bien qu'il fallut bien sûr les accompagner avec des soutiens et subventions, « quoiqu'il en coûte », aux budgets des états. Quelle gabegie !

Et tout ça par peur du nucléaire, par idéologie climatique, par aveuglement stratégique faisant fi de tout ce qui avait la fortune de l'Europe.

Cette catastrophe qui plongea l'Europe dans une grande vulnérabilité énergétique et la laissa grelottante ou transpirante selon les saisons en raison des rationnements imposés à ses citoyens, mit aussi à mal son économie et sa capacité à résister aux appétits impérialistes d'une Russie qui ne rêve que de reconstituer l'Empire soviétique de 1945 au détriment de l'Europe et d'anéantir l'Occident honni qui l'aurait humiliée en 1991.

Tout ce qui s'est passé depuis vingt ans a été voulu et prémédité par la Russie de Vladimir Poutine et l'Europe n'a rien vu. La Russie lui a tendu le bol de ciguë et l'Europe l'a bu jusqu'à la lie tout comme Socrate, avec détachement, sans révolte, comme si la vie l'avait déjà quittée. En fait la Russie n'a pas agi seule, elle s'est fait aider par une écologie devenue folle, écologie radicale et « décroissantiste » que l'on pourrait appeler écologisme, largement subventionnée par la Russie comme nous le verrons dans cet ouvrage.

On aurait pu croire qu'après une invasion de l'Ukraine qui engageait un pronostic vital pour bon nombre de nations européennes, il y aurait eu une réaction énergique et rapide pour redresser la barre. Eh non ! Et nous allons voir pourquoi.

Noyautés par les ONG et les élus écologistes, le parlement et la Commission européenne restèrent complètement anesthésiés par la question du réchauffement climatique. De plus, l'Allemagne, inquiète de perdre un avantage compétitif vis à vis de la France et d'autres nations européennes a continué à mener une guerre de tranchée indigne sur la réhabilitation du nucléaire en tant qu'énergie décarbonée.

Malgré l'opposition de l'Allemagne, la seule bonne nouvelle de ces deux dernières années a été la relance du nucléaire dans un certain nombre de pays dont la France. Après avoir mesuré l'ampleur du désastre qui avait frappé son parc de centrales nucléaires par des problèmes de manque de maintenance et de défauts de corrosion sous contrainte, la France a rétabli la situation en un peu plus d'une année pour retrouver l'efficience de son parc existant et réexporter de l'électricité.

Enfin, pourrait-on dire !

Mais il y a loin de la coupe aux lèvres, car les décisions d'aujourd'hui de réinvestir dans au moins six EPR (réacteurs à eau pressurisée) voire douze, ne seront fonctionnelles que dans dix à quinze ans. De plus, l'intensité des investissements à consentir est absolument colossale alors que nous nous sommes ruinés entre temps à mettre en place des solutions non pilotables, peu efficientes et intermittentes.

Alors que faire, si ce n'est remettre à plat le panel d'énergies primaires dont nous disposions auparavant pour faire la soudure avec ce nouveau monde énergétique qui devrait émerger avec l'arrivée des nouveaux EPR suppléés par des SMR[3] (Small Modular Reactor), voire d'énergies primaires plus futuristes comme l'hydrogène pour la mobilité et la fusion nucléaire, l'énergie des étoiles, pour la production électrique. Et c'est là que le bât blesse, car ce que nous venons d'évoquer consiste à remettre en selle temporairement des solutions basées sur des énergies fossiles (ce que les Allemands ont fait en rouvrant en urgence leurs centrales à charbon et à lignite, quoiqu'il en coûte pour le climat d'après la doxa en cours...), ce qui va se heurter de plein fouet avec l'idéologie climatique qui a gangrené la Commission européenne, sans parler des ONG et des partis écologistes dans chaque pays membres.

Cette idéologie, ce millénarisme climatique est profondément ancré à Bruxelles et dans de nombreux pays. On ne parle plus que de décarbonation, de fléchage vers des sources d'énergies primaire renouvelables, mais jamais, o grand jamais, d'un recours aux énergies fossiles, serait-il temporaire, pour adoucir les effets délétères d'une transition énergétique mal calibrée et mal maîtrisée qui pourrait s'avérer être le coup de grâce pour l'Europe.

La survie de la planète serait-elle à ce point engagée par cette question du réchauffement climatique, ou s'agirait-il d'un mythe, d'une idéologie, et si oui, comment tout cela a-t-il pris corps ?

3. SMR signifie Petits Réacteurs Modulaires en anglais - Si la France semble avoir opté pour des unités de production lourdes type EPR (Flamenville – Hinckley Point), la construction de réacteurs de type SMR plus nombreux et plus petits (5 fois moins puissants) à sécurité passive (en cas de panne de refroidissement il n'y a pas de risque d'explosion) fait encore débat et cette filière nouvelle pourrait compléter la mise en chantier des EPR.

C'est tout l'objet de ce livre qui ne nie en aucune façon le réchauffement climatique. Celui-ci semble bien établi depuis une cinquantaine d'année et nul ne sait combien de temps il va durer. Ce phénomène s'est déjà produit de nombreuses fois dans l'histoire de la Terre dans un passé pas si lointain comme nous le verrons. De plus, il ne semble pas être d'une intensité aussi exceptionnelle que celle qu'on lui prête dans beaucoup de media. Il ne va pas nous mener jusqu'aux portes de l'enfer comme certaines images soigneusement sélectionnées, de carcasses d'animaux dans un désert brûlant, d'ours blanc malades et faméliques, ou encore d'incendies apocalyptiques, tendent à nous le faire croire. Pas plus d'ailleurs que la responsabilité humaine n'en soit clairement déterminante et surtout invoquée comme cause unique, malgré la concomitance de l'augmentation de nos émissions de gaz à effet de serre. Devant cette situation, il nous faut raison garder et nous organiser avec calme pour pallier les effets de cette élévation des températures sans compromettre notre futur.

S'il nous faut gérer également avec attention nos consommations d'énergies fossiles, ce n'est pas par crainte d'embrasements ou de submersions incontrôlables dans un proche avenir, mais plutôt parce que leur stock est évidemment limité et nous les aurons sans doute passablement épuisées au terme de ce siècle. Leur gestion rationnelle et partagée entre pays pauvres et pays riches s'impose donc ainsi que la mise en place de transitions énergétiques bien calibrées. Encore faut-il qu'elles soient appliquées avec un fléchage intelligent et avec un planning de mise en place adapté à chaque nation. En de telles circonstances, toute précipitation ou mauvais choix peut conduire à des catastrophes industrielles et humaines.

Il n'est nul besoin d'agiter des projections de fin du monde qui vont plonger nos sociétés et nos contemporains dans une éco-anxiété mortifère, sorte de suicide civilisationnel, pour faire comprendre à tout un chacun qu'il nous faut bouger avec détermination, sérénité mais sans précipitation.

Ce livre est donc un message d'espérance.

Jean LEDIEU

Chapitre 1 : Le climat, un sujet incontournable depuis toujours

« Le monde n'est qu'une branloire pérenne. Toutes choses y branlent sans cesse, la terre, les rochers du Caucase, les pyramides d'Égypte : et du branle public et du leur. La constance même n'est autre chose qu'un branle languissant. »

Michel de Montaigne

Si j'ai choisi cette citation de Michel de Montaigne pour commencer ce chapitre, c'est pour attirer l'attention du lecteur sur l'inexorable marche du monde et de l'univers. Héraclite avait raison lorsqu'il disait : « On ne se baigne jamais deux fois dans le même fleuve », contrairement à Parménide qui prétendait que rien ne bougeait jamais.

Eh oui, tout bouge en ce monde, la vie, les espèces, les étoiles, le cosmos, notre Terre et les espèces qui l'habitent et bien entendu le climat, que l'homme y soit (un peu) pour quelque chose ou pas. Tout est perpétuellement en devenir, car le temps c'est de la conscience et cela vaut aussi bien pour la particule élémentaire que pour le plus massif des trous noirs.

Cela vaut aussi pour la conscience écologiste qui ne se restreint pas à vouloir préserver notre Terre de toute évolution, quitte à en exclure les humains, que certains extrémistes ont considéré comme un véritable cancer, ou comme d'autres, moins dangereux mais tout aussi irréalistes, manifestent en couvrant certains glaciers de couvertures l'été pour qu'ils ne fondent pas trop vite...

Nous sommes nés dans un berceau et nous avons une double obligation à son égard, en prendre soin, car il serait suicidaire de le saccager, mais également le faire évoluer de la meilleure manière possible pour les générations et nouvelles espèces à venir. Je ne crois pas que cette évolution ne relève que de la seule psyché d'une nature déshumanisée et coupée du cosmos. Si l'homme s'est élevé à son rang actuel après une odyssée de 14 milliards d'années, ce n'est pas pour confier son avenir aux grenouilles et aux nénuphars !

L'homme n'est pas l'ennemi de la nature mais son plus grand accomplissement. Il se doit d'éduquer et d'élever cette nature, sans pour autant détruire ce qui l'a fait naître. Nous n'avons pas vocation à ne rien faire en pratiquant une écologie de poisson rouge : « On ne fait rien, on ne construit rien, on ne touche à rien, on ne transmet rien ; on fait des ronds dans l'eau en vénérant la déesse Gaïa », n'en déplaise aux promoteurs de la paresse. Nous sommes conviés à une cocréation raisonnable et responsable. Notre destin n'est pas de revenir vers un jardin d'Eden idéalisé et figé sous un cosmos immobile, lesquels n'ont d'ailleurs jamais existés. La nature évolue sans cesse. Elle peut être douce mais aussi extrêmement violente et brutale, sans que l'homme y soit pour quelque chose d'ailleurs.

Alors pourquoi désespérer ? Pourquoi battre sa coulpe du matin au soir, voire la nuit, sur notre responsabilité écrasante dans l'élévation modeste des températures que nous sommes à même de constater depuis quelques décennies ?

D'abord, ce serait prêter un bien grand pouvoir à l'humanité sur cette nature qu'elle prétend vouloir préserver, contrôler, voire immobiliser. Comme le disait Albert Einstein, on entend déjà les éclats de rire des dieux devant de telles prétentions... Ce n'est pas la première fois que ce genre d'hubris humain se manifeste. Notre histoire se répète souvent. Il n'est pour s'en convaincre de se rappeler le destin de toutes nos grandes civilisations et de leurs plus beaux monuments censés défier le temps comme la tour de Babel à Babylone, le colosse de Rhodes, le Colisée, les pyramides égyptiennes, Incas et Mayas.

Alors pourquoi tant de souffrances, tant de symptômes toujours plus lourds de conséquences à propos de ce « réchauffement climatique » qui devient, chaque jour un peu plus, un « millénarisme climatique ». Ne faut-il pas garder son sang-froid devant ce phénomène récurrent et qui n'a pas un caractère aussi exceptionnel que certains voudraient nous le faire croire ?

Tout d'abord et avant d'aller plus loin, un peu de vocabulaire. Il s'agit bien d'un « réchauffement » et non d'un « dérèglement », d'un « changement », d'une « crise » ou d'un « emballement », voire d'une « fin du monde ». Mal nommer les choses ne fait que rajouter au malheur du monde comme le disait Albert Camus.

En effet, le climat a toujours varié et changé depuis la nuit des temps et cela ne s'est fait que très rarement d'une manière douce et imperceptible, mais plutôt d'une façon imprévisible, brutale, chaotique, tant sont nombreuses et complexes les causes qui affectent son évolution.

Toutes ces causes qui l'amènent à changer sans cesse plus ou moins rapidement sont d'importances inégales et échappent « pratiquement complètement » au contrôle humain. Ainsi les hommes devraient se préoccuper davantage de ce qui pourrait en adoucir ou en prévenir les effets, plutôt que de s'attacher, tout comme un Don Quichotte et ses géants, à en combattre une cause encore très mal quantifiée. Et s'il y avait action à entreprendre dans ce sens, celle-ci ne pourra se faire que modestement et à la marge, malgré l'hubris de quelques-uns qui prétendent le contraire. Nous développerons bien sûr ce point capital.

Nous assistons aujourd'hui à un envahissement permanent de la sphère médiatique par la question du climat. Il semble que ce sujet soit évoqué à tout bout de champ, bien souvent pour des questions n'ayant rien à voir avec son évolution ou pour lequel notre action ne pourrait être que dérisoire. Ainsi, il n'est plus une émission de TV sur la faune ou la flore qui ne soit ponctuée sans cesse de commentaires sur les effets néfastes, voire mortifères du « réchauffement climatique », en occultant d'ailleurs soigneusement les quelques conséquences bénéfiques que nous pourrions en retirer. Il y en a pourtant quelques-unes, comme un moindre besoin de chauffage dans les zones froides ou l'ouverture à la navigation de mers ou océans actuellement gelés en toutes saisons, pour ne parler que des plus évidentes, et pour terminer par une note d'humour que nous font entrevoir les plus radicaux des tenants d'un emballement sans précédent du réchauffement : nous pourrions voir rapidement des cocotiers et des hippopotames sur les rives de la Seine !

Il ne se passe pas une journée sans qu'une émission de télévision nous incite à pleurer sur une forêt qui brûle, un glacier qui fond, un ours polaire qui meurt de faim. La liste sans fin des espèces menacées ou en voie de disparition du fait du climat, a d'ailleurs conduit les plus extrémistes à évoquer une sixième extinction de masse, si ce n'est la « mort de la planète » en bonne et due forme, un vrai millénarisme climatique !

Eh oui, depuis quelques années et pour de bien tristes raisons, on ne parle plus de la « Terre », mais de la « Planète » qu'il faut absolument sauver ! Nous n'avons que ce mot générique à la bouche. Remarquons en passant que des planètes il y en a une quasi-infinité dans l'univers alors qu'une « Terre » comme la nôtre est une exception extraordinaire. On en revient encore ici à la remarque de Camus sur le bon usage de la langue.

Enfin, si ce n'était qu'un « tam-tam » scientifique et rationnel avéré, mais hélas non, ce n'est malheureusement pas le cas comme on peut le constater tous les jours par tout ce qui transparait au cours d'émissions se voulant « scientifiques » ou pédagogiques. Dans cette période de déconstruction de la vérité, la « relativité » d'Einstein a bien quitté le domaine de la cosmologie pour gagner les fondements mêmes de la démonstration et de l'analyse scientifique. Cela serait encore un moindre mal si nous pouvions en débattre « courtoisement », mais dans cette époque de post-vérité ce n'est déjà plus possible sans que le contradicteur de la pensée unique ne soit promis au bucher qui, s'il n'est pas fait de bois et de flammes - vu l'évolution des choses, je ne serai pas autrement surpris que certains y pensent quand même pour « sauver la planète coûte que coûte » - vous condamne quand même au silence médiatique et au bannissement de la sphère publique. Nous en sommes bien arrivés aujourd'hui à la « pensée unique » et ce à tous les niveaux de la société, y compris et bien sûr au niveau des gouvernements et des instances internationales - l'ONU et sa galaxie d'ONG par exemple - qui ne sont pas les moins fanatiques sur le sujet !

Toujours dans ce registre, je voudrais mentionner l'attitude d'un journaliste animateur de l'émission TV d'ARTE « 28' » d'Elisabeth Quint, émission que j'estime être parmi les plus sérieuses et équilibrées du PAF, qui affirmait récemment et sans vergogne qu'il faudrait pratiquement bannir d'antenne et de l'espace public toute personne, scientifique ou pas, qui oserait remettre en cause la seule origine anthropique du réchauffement climatique. Bannissement qu'il aurait pu justifier – mais il n'en eut pas le temps - en invoquant les mantras habituels : « Tous les scientifiques dignes de ce nom le disent » ou la fameuse affirmation : « La science ou le GIEC a parlé », circulez il n'y a rien à voir et encore moins à débattre. Là, j'ai fermé mon poste et j'ai vraiment eu envie de crier : au secours, le « 1984 » d'Orwell nous revient en pleine figure avec son « ministère de la vérité » !

Toujours dans la même veine et sur la même chaîne ARTE, au cours d'une émission faisant état de la nécessité d'adaptation du vivant à ce réchauffement climatique que nous vivons dans la période actuelle, le commentateur n'a pu s'empêcher d'énoncer quelques contre-vérités, en laissant entendre, par exemple, que la nature devait bien se débrouiller pour faire face à un réchauffement du climat sans précédent puisqu'il évoluait 170 fois plus vite que la normale. À nouveau j'ai fait un bond sur mon canapé. Comment peut-on proférer de telles âneries ? La personne qui a rédigé le script de l'émission a-t-elle réfléchi, ne serait-ce qu'une demie seconde, s'il existait déjà une vitesse de référence « normale » de l'évolution du climat ?

Comme nous l'avons déjà dit, du fait des causes multiples qui peuvent l'affecter, le climat a toujours évolué d'une manière très peu prévisible et souvent de façon très chaotique. Mais alors pourquoi 170 fois plus vite grands dieux ! D'où ce chiffre stupide est-il sorti, si ce n'est pour impressionner et faire peur au téléspectateur prêt à avaler n'importe quelle information sans un minimum de réflexion ?

Ainsi et dans la même veine, en janvier 2024 de nombreux journaux, dont le sérieux « Le Figaro », ont fait paraître une information émanant de Samantha Burgess, (Phd), directrice adjointe du « Climate Change Service » de l'institut Copernicus ECMWF, financé à hauteur de 5,5 milliards d'Euros par l'Union Européenne et qui gère 5 satellites de surveillance de la terre, qui a déclaré – sans rire – que 2023 avait été l'année la plus chaude depuis 100 000 ans. Pas moins ! Sans doute les premiers Sapiens et Néanderthaliens, suivis par les Babyloniens et les Égyptiens avaient-ils déjà envoyé de nombreux satellites pour étayer cette affirmation.

Heureusement cette déclaration a quand même suscité quelques commentaires de personnes sensées, hélas peu relayés ou passés sous silence, laissant ainsi tout son impact dévastateur à la déclaration originale qui a dû effarer la grande majorité des lecteurs prêts à gober n'importe quelle bêtise.

Peut-être avec le sentiment d'être allée trop loin, Samantha Burgess a alors tenté de justifier son assertion par l'analyse des cernes des arbres sur ladite période de 100 000 ans.

Mais là encore, est-ce crédible ? Comment toutes ces données ont-elles pu être collectées ? De quelles régions de la Terre provenaient ces fossiles d'arbres soumis à analyse de leurs cernes, alors qu'il aurait fallu être exhaustif sur l'ensemble de la surface de la Terre pour que ces données puissent faire sens en regard des données de température collectées par nos satellites sur l'ensemble du globe ? Et quand bien même cette collecte exhaustive de données sur les cernes des arbres depuis 100 000 ans eut bien été faite (ce qui m'apparaît comme strictement impossible), cela n'en constitue en rien une preuve. En effet, se servir de la grandeur des cernes de croissance des arbres pour estimer les températures au dixième de degré près est complètement fallacieux, car la variation de leur taille dépend bien plus du taux de CO_2 dans l'atmosphère (sans que l'homme y soit d'ailleurs pour quelque chose à cette époque lointaine) que de la température ambiante. Là encore, de qui se moque-t 'on ?

Surtout que dans la foulée de cette affirmation absolument infondée, s'en est suivie une autre toute aussi stupide, comme quoi 2024 serait SANS DOUTE une année plus chaude encore que 2023 ! Nous n'étions alors que le 15 janvier, toute l'Europe grelottait et les États unis étaient frappés par des tempêtes hivernales faisant flirter le thermomètre avec les -30°c, pour ne pas parler de ressenti ! Si cet investissement colossal dans Copernicus qui a été consenti par l'Europe ne sert qu'à produire ce genre d'information destinée au grand public, il n'y a plus qu'à tirer l'échelle...

Toujours dans la litanie bien puérile des records, le 18 mars 2024, l'Agence France Presse a publié une dépêche indiquant qu'un record de chaleur avait été battu à Rio de Janeiro avec la température ressentie de 62,3 °c ! En réalité le thermomètre était monté à 42 °c. À ce rythme, nous passerons bientôt la barre des 70 °c avant la fin de la décennie.

Pour vous faire raison garder sur un phénomène qui ne date pas d'aujourd'hui, je vais citer deux exemples qui ne peuvent être associés ni au trafic aérien ni à l'emballement de l'utilisation des énergies fossiles puisqu'ils ont eu lieu en 1921 pour le premier avec 45°c mesuré, et non pas ressenti, à Bourg en Bresse qui n'est pourtant pas en France l'endroit le plus prédisposé aux hautes températures, et le deuxième au cours de l'été 1936, à l'époque du « Dust Bowl », avec 49°c mesuré dans l'Oklahoma et le Kansas aux États Unis.

Avant de quitter le sujet des températures et la pluie de records qui leurs sont associés, je voudrai dire un mot sur les différentes manières dont elles sont mesurées.

Je passerai bien sûr rapidement sur les cernes des arbres et les bulles d'air emprisonnées dans les glaciers qui font partie de la paléo météorologie, vient ensuite une période où le thermomètre, dont l'invention remonte au début de XVIIème siècle, commence à être utilisé pour mesurer de manière organisée la température de l'atmosphère, ce que l'on appellera plus tard la météorologie. Nous sommes alors au milieu du XIXème siècle. Les réseaux commencent à se déployer et à se structurer au début du XXème siècle. Les méthodes de mesure de température manuelles ou automatiques seront alors spécifiées (distance par rapport au sol, exposition, convection, ...). C'est ce que nous appelons aujourd'hui les températures d'archives au sol ou en mer.

Avec l'arrivée des satellites météo, les mesures vont se faire indirectement en évaluant la température radiative (essentiellement des infrarouges) dans la troposphère basse (0 à 5000 m). Ces mesures nécessitent déjà un retraitement pour aboutir à ce que l'on aurait obtenu avec un thermomètre au sol. On les appelle températures satellitaires.

Mais on ne va pas s'arrêter là, car ces mesures seront à nouveau recombinées avec les températures terrestres d'archives correspondantes, toujours prélevées en parallèle, pour aboutir à un chiffre unique. Là encore les modèles de recombinaison et de réanalyse peuvent différer d'un pays à l'autre. Et tout ceci sans parler des algorithmes qui permettent de passer des températures « réelles » aux températures ressenties, en fait les seules que l'on diffuse pour toujours mieux impressionner.

Il est indispensable de connaître tous ces attendus pour relativiser ces comparaisons aussi hasardeuses qu'infondées basées sur des évolutions de températures du globe sur des milliers d'années au dixième de degré près ! Alors pourquoi le fait-on, et sciemment, si ce n'est pour provoquer un effet de sidération sur le grand public !

Enfin, avant de quitter le sujet de l'alarmisme orchestré, j'en arrive maintenant à notre éducation nationale et à notre service audio-visuel « grand-public ».

Commençons par notre Éducation Nationale française, tout acquise à la pensée unique de la cause anthropique du réchauffement climatique, qui a largement contribué à diffuser et faire diffuser au sein des écoles et lycées le film d'Al Gore « Une vérité qui dérange », mise en scène millénariste des effets d'un réchauffement climatique présenté comme implacablement à charge de l'humanité, a fait un tabac auprès du jeune public avec tous les effets délétères que l'on peut constater aujourd'hui. Rappelons qu'il en a été de même en Grande Bretagne où il y a quand même eu un sursaut pour s'inscrire en faux contre toutes les contre-vérités et allégations mensongères développées dans ce film. Les auteurs de cette production ont d'ailleurs été poursuivis et condamnés en bonne et due forme par un magistrat britannique sans que la presse n'ait jugé utile de relayer cette information.

Depuis de nombreux ateliers sur le climat et la défense de la planète sont organisés au sein de l'Éducation Nationale, ce qui n'est pas un mal en soi, mais il est à craindre que la mise en avant de l'origine anthropique culpabilisante du réchauffement climatique ne vienne obérer les bénéfices de cette démarche.

Voilà déjà pour ce qui a commencé à gangrener les écoles et nos jeunes générations il y a un peu plus d'une quinzaine d'années. Depuis ce premier temps fort, la valse ininterrompue des COPs (Conference Of Parties) orchestrée par le GIEC (Groupe Intergouvernemental d'Experts sur le Climat) où des experts du climat se rendent en jets à ces grands messes, pour expliquer que les pays riches doivent renoncer à utiliser les énergies fossiles et aux pays du sud global de continuer à s'en passer pour « sauver la planète », nous reviennent tous les ans, régulièrement, tout comme ce que les journalistes appellent un « marronnier ». Rappelons que ces grands raouts planétaires aux frais du contribuable ressemblent à s'y méprendre au bal des hypocrites. Les pays riches occidentaux faisant plus ou moins semblant – plus pour notre bonne vieille Europe, véritable ravi de la crèche, et beaucoup moins pour les États Unis dont la compassion pour le climat fluctue avec ce qui leur en coûte – et avec beaucoup d'enthousiasme pour les pays du sud global qui sont prêts à accepter tous les transferts d'argent des pays riches, sans pour autant renoncer à utiliser les énergies fossiles pour vaincre la pauvreté, Bien évidemment, à chaque épisode sa piqûre de rappel, avec son lot d'effets d'annonce, de drames, de mises en scène et de suspens, repris pratiquement un mois durant par tous les media pour que la « bonne parole » ne se dissolve pas dans les égoïsmes nationaux.

Depuis 2023 nous en arrivons en France à une pression quotidienne sur France 2, fleuron du service public audiovisuel, où les informations météorologiques sont soudainement devenues « Météo – Climat ».

Heureusement semble-t-il le but premier de cet addendum à notre bonne vieille « météo nationale » n'est pas de donner tous les jours des nouvelles du climat, quoique cela n'effraierait pas certains qui sont convaincus de sa vitesse de changement vertigineuse, mais d'aller à la chasse aux records, de chaleur plutôt que de froid bien évidemment – quoique, lorsqu'il s'agit de froid, cela provient non pas d'un réchauffement mais d'un dérèglement – où qu'ils se trouvent dans le monde, Papouasie centrale, Mongolie intérieure, ou Terre de feu. Rien n'échappe à leur quête vigilante. Au-delà des records journaliers, on y pratique aussi la chasse aux catastrophes, canicules, sécheresses, incendies, typhons, inondations, submersion, changement du trait de côte à certains endroits du littoral, etc... là aussi, où qu'elles se produisent dans le monde et pour lesquelles on pratique allégrement la confusion de genre entre le climatique et le météorologique, ces catastrophes ayant bien entendu des ampleurs jamais atteintes de mémoire de Sapiens, même si le nombre de victimes qu'on y déplore soit souvent sans commune mesure avec celui de catastrophes similaires s'étant produites dans le passé. Enfin, entre cette litanie des records et des catastrophes, viennent s'insérer des cours de glaciologie et de carottage de glacier nous démontrant jusqu'à la nausée l'implacable marche du réchauffement climatique.

Après l'école et le médiatique, il ne manquait que l'échelon étatique. Nous y sommes avec la création d'un « Haut Conseil pour le Climat » installé en grande pompe en France en novembre 2018. Alors pourquoi pas un Haut conseil du temps qui passe ou de la météo qui change ! Voici donc un sujet sur lequel il n'est guère plus possible d'échapper, malgré son corollaire d'effets nuisibles pour la société.

Pour n'en retenir que quelques-uns, on pourrait citer :

- La perte de confiance dans l'avenir pour une jeunesse biberonnée de contre-vérités qui se voit frappée d'éco anxiété. Éco anxiété revendiquée par les fous du climat qui trouvent bien naturel que les jeunes soient conscients et terrorisés par cette montée aux extrêmes des températures dont on leur parle matin, midi et soir.

Ainsi cela va de la simple morosité anxiogène au refus de croire en un futur heureux. L'effondrement de la natalité et l'avènement du « GINK » (Green Involvement No Kids) fait des ravages au sein de nos société occidentales, un véritable suicide civilisationnel. Lorsque on peut lire ici ou là que ne pas faire un enfant va économiser 40 tonnes de CO_2 pour sauver la planète, voilà une idée bien motivante pour sauter le pas et assurer sa descendance. Ainsi pour sauver la planète et l'empêcher – soi-disant - de mourir, il suffit de supprimer la vie ! Il fallait y penser.

- L'exacerbation des conflits pour l'eau, pour les ressources foncières, pour les transitions énergétiques mal fléchées, quoique la France vient ici de faire preuve de réalisme avec sa volte-face sur le nucléaire.
- La montée des conflits entre l'Occident et le Sud global arbitrés avec cynisme par la Chine et la Russie.
- Le gaspillage d'investissement sur des solutions peu ou pas productives.
- La mise en place d'une transition énergétique coercitive beaucoup trop rapide et mal ciblée qui va entraîner la ruine de beaucoup.

On pourrait rallonger cette liste presque à l'infini, tant sont nombreux les errements dans lesquels nous sommes tombés.

S'il est vrai que la météo, le temps qu'il fait, a toujours été un sujet d'actualité inépuisable, il n'y a que depuis une vingtaine d'années que ce sujet a pris une importance planétaire. Il y a quelques siècles, si la variabilité climatique devenait plus importante, comme ce fut le cas au début du XIVème siècle, au sortir de l'optimum médiéval, on implorait alors le divin par le biais de processions dans le meilleur des cas, ou plus souvent hélas, par des pogroms de boucs émissaires qu'on tenait pour responsable du « mauvais » temps qu'il faisait. Depuis les Lumières, nous avons heureusement dépassé ce stade, pour nous tourner vers d'autres raisons plus naturelles ou techniques, comme ce fut le cas avec la bombe atomique, bouc émissaire idéal, dans les années 1950 - 1960. Depuis quelques dizaines d'années, avec le CO_2 le bouc est devenu plus gazeux, plus insaisissable et difficile à combattre, donc d'autant plus crédible.

Plutôt que de continuer à se lamenter. Nous allons tenter de mettre en lumière les raisons d'espérer et de raison garder sur un phénomène qui s'est déjà produit de nombreuses fois dans le passé et dont l'ampleur n'a rien d'insurmontable pour une humanité de plus en plus férue de technologie.

Chapitre 2 : Comment en sommes-nous arrivés là ?

« Ne recevoir aucune chose pour vraie que je ne la connusse évidemment être telle »

René Descartes

Il faut remonter cinquante ans en arrière pour trouver l'origine de cette folie collective. La première pierre fut apposée en 1971 par quelques jeunes américains, les Bohlen, Metcalfe et Stowe, qui avaient fui la conscription pour la guerre du Vietnam. Ils eurent l'idée de créer une association pour promouvoir la philosophie naturelle du « Peace and Love ». Cette association allait devenir une ONG mondialement connue : « Greenpeace ». Curieusement, à cette époque le combat n'était pas encore le climat, mais le nucléaire qu'il convenait de disqualifier sous toutes ses formes, civiles et surtout militaires bien évidemment.

En 1971, il y eut aussi la publication d'un livre alarmiste sur l'avenir de l'humanité par Paul R. Ehrlich, scientifique américain, : « La Bombe P ». Il sera suivi en1972 par la diffusion du rapport Meadows qui allait servir de document fondateur du Club de Rome. Ici encore le climat n'apparaissait pas comme l'urgence absolue. L'objet du rapport était de tirer la sonnette d'alarme sur l'explosion inéluctable de la bombe H, non pas H comme Hydrogène, mais H comme Humaine, laquelle allait déboucher immanquablement sur des famines atroces. À cette époque la Terre abritait 3,7 milliards d'humains dont 36% étaient encore en situation de grande précarité alimentaire. La croissance de la population mondiale aux cours des derniers siècles ayant un caractère exponentiel, il y avait toutes les raisons de s'alarmer si les choses restaient en l'état [1].

Heureusement les croissances exponentielles ne se pérennisent jamais dans la nature. Soit des phénomènes régulateurs naturels lents, comme des pertes de fertilité s'agissant d'êtres vivants – ce qui laisse augurer une véritable intelligence de la nature -, ou violents, comme les épidémies, les famines, le manque d'espace ou d'énergie, se mettent en place, soit c'est la prise de conscience par des espèces plus développées comme l'homo sapiens qui vont anticiper la catastrophe et ralentir la croissance à temps. C'est ce double phénomène d'une régulation naturelle lente et d'une prise de conscience humaine qui s'est manifesté à la charnière des XXème et XXIème siècle. Ainsi grâce à une baisse naturelle de fertilité dont une part est liée à l'enrichissement des populations [2], mais aussi à leur éducation, aux progrès de la médecine et de la prophylaxie, à l'émergence de politiques de contraception et de régulation des naissances et même d'IVG (Interruption Volontaire de Grossesse) dans certains

1. Pour bien voir les effets surprenants d'une croissance exponentielles, on peut s'en remettre une fois de plus à l'histoire des nénuphars qui envahissent un bassin. Si la surface occupée par les nénuphars double chaque jour et qu'ils ont mis 29 jours pour couvrir la moitié du bassin, combien de jours mettront-ils pour l'occuper en totalité ? La réponse n'est pas 58 jours, mais 30 jours. Ils ne mettront ainsi qu'une seule journée pour terminer leur expansion. Et pour qui voulait les contenir, il serait alors bien tard pour prendre des mesures appropriées...

2. Des études sur l'Indice de Développement Humain (l'IDH) qui associe la longévité en bonne santé, le niveau d'éducation, et le niveau de vie, indiquent que celui-ci est corrélé avec la consommation d'énergie. Ces études révèlent aussi que la fertilité humaine est inversement proportionnelle à l'enrichissement des populations et donc à la consommation d'énergie. Le phénomène de baisse de la fertilité se produit lorsque les populations disposent d'un capital énergétique d'environ 200 GJ par personne. Cette baisse de fertilité est déjà très sensible en Occident et en Chine.

pays, la pression démographique s'est relâchée. Il est assez remarquable que cela s'est fait pratiquement sans coercition, à l'exception de la Chine qui avait mis en place une politique de l'enfant unique en 1979, politique qui a d'ailleurs été amendée en 2015 vu le vieillissement accéléré de sa population. Ainsi la Terre nourrit aujourd'hui une population de 7,8 milliards d'hommes, dont environ 8% sont encore en situation de précarité alimentaire, démentant les prophéties d'extinction catastrophique de l'espèce humaine par voie de famine. Les plus récentes projections indiquent que ce ralentissement devrait être de plus en plus fort et il est peu probable que le nombre d'humains franchisse la barre des 10 milliards avant de commencer à décroître. Cela devrait se produire au cours de la deuxième moitié de ce siècle. Ainsi, la courbe de croissance de la population humaine, que l'on pensait être une exponentielle, se transforme en une courbe en « S » qu'on appelle sigmoïde, ou encore tangente hyperbolique.

Ces deux premières alertes millénaristes ne concernaient donc pas encore le climat, mais la tonalité était donnée et le mythe de la catastrophe climatique ne demandait qu'à éclore. Il émergea en 1976 grâce au talent d'un grand communiquant, le suédois Bert Bolin.

Titulaire d'un doctorat de météorologie obtenu en 1956 à l'université de Stockholm, Bolin soutint brillamment deux idées forces dans un colloque tenu aux USA en 1959, idées qui seront reprises dans un article retentissant du New York Times. La première annonçait une croissance rapide des émissions de CO_2 au cours des décennies à venir, et la seconde, liée à la première, que cet accroissement des émissions de gaz carbonique dans l'atmosphère allait entraîner un réchauffement catastrophique du climat.

Autant il eut raison sur sa première prédiction, ce qui n'était pas bien difficile car elle reposait sur de l'arithmétique élémentaire eu égard à la montée en puissance de la consommation d'énergies fossiles (charbon, pétrole et gaz), autant sa deuxième prédiction, qui se fondait sur des travaux du français Joseph Fourier et du suédois Svante Arrhénius remontant au XIXème siècle, ne s'est pas immédiatement réalisée.

Comme s'il s'agissait d'un pied de nez de la nature, les températures du globe pendant les décennies des années soixante et soixante-dix restèrent obstinément stables avec même une tendance à décroître malgré l'augmentation manifeste du taux de CO_2 dans l'atmosphère ! Nous reviendrons sur ce phénomène un peu plus loin dans cet ouvrage.

Convaincu qu'il finirait par avoir raison Bolin profita de sa notoriété américaine pour se mettre au service du premier ministre Olof Palme qui cherchait des appuis « scientifiques » pour convaincre les Suédois d'adopter le nucléaire par rapport aux inconvénients du charbon pour produire de l'électricité. Il y resta jusqu'à l'assassinat d'Olof Palme en 1986, année qui suivit de peu la reprise du réchauffement climatique. Fort de son expérience médiatique et politique, il se remit en croisade pour défendre sa théorie d'un réchauffement climatique d'origine anthropique auprès de l'ONU. Il contribua ainsi à la création de l'UNFCCC (Convention cadre des nations unies pour les changements climatiques) et du GIEC (IPCC en anglais) en 1988 à Genève. Il allait en assurer une présidence militante (on pourrait dire idéologique, car faisant peu de cas de démarches réellement scientifiques) et incontestée de 1988 à 1997.

Bert Bolin n'aurait pu aboutir seul sans l'aide du canadien Maurice Strong, milliardaire (dans l'énergie et le pétrole – ça ne s'invente pas) et secrétaire général adjoint des Nations Unies qui lui ouvrira en grand les portes de cette organisation internationale. Strong était un grand défenseur d'une gouvernance planétaire qui gérerait au mieux les ressources de la Terre, et pour arriver à ses fins l'argument d'une menace climatique d'origine humaine n'était pas à négliger. Par ses activités professionnelles, Strong disposait d'un carnet d'adresse digne d'un premier ministre. Il s'en était servi pour accéder aux plus hautes responsabilités au sein des Nations Unies. II y lança les premières conférences sur le développement humain en 1972 à Stockholm où il rencontra Bolin. Ce premier contact allait déboucher sur la naissance du GIEC une quinzaine d'années plus tard. Peu après, Strong mit en place un programme pour l'environnement qu'il présida devenant ainsi le premier ministre de l'environnement de la Terre. Dès 1974, oublieux de son passé d'ancien businessman ayant fait fortune dans le pétrole, Strong commença à fustiger les pays riches qui écrasaient les pays pauvres et contribuaient à modifier durablement le climat de la Terre.

Après une interruption de quelques années pendant lesquelles Maurice Strong s'était mis en congé de l'ONU pour tenter de reprendre en main ses affaires, il fut rappelé en 1983 par Kofi Annan, secrétaire général en exercice, pour rejoindre la commission Brundtland en charge du développement durable. Il reprit alors contact avec son comparse Bolin qui se démenait toujours comme un beau diable pour faire aboutir ses thèses sur le climat. Et c'est ainsi que la commission Brundtland émit son rapport final dans lequel on pouvait lire :

« Le recours aux combustibles fossiles pourrait, dès le début du XXIème siècle, avoir suffisamment augmenté la température moyenne de la planète pour bouleverser les zones de production agricole, faire inonder les villes établies sur les côtes du fait de l'élévation du niveau de la mer, et mettre à mal les économies nationales. »

La machine était lancée et allait monter en puissance.

C'est alors que Strong eut une idée de génie, rallier les ONG de préservation de la nature, surtout axées sur la diabolisation du nucléaire, à épouser la cause du climat mise au jour par l'ONU. Ces ONG qui avaient fait florès à la suite de Greenpeace étaient nombreuses et très actives, bien relayées dans de nombreux pays. En plus de Greenpeace, Bolin et Strong pouvaient ainsi compter sur Les Amis de la Terre, le World Wildlife Fund (WWF), etc...

Cependant pour que le déploiement de cette nouvelle cause mondiale puisse se faire sans coup férir, il y avait encore un obstacle à aplanir et il était d'importance car il s'agissait de la solidité de la preuve scientifique ! Mises à part les convictions de Bolin, vaguement étayées par les études non quantifiées de Fourier et d'Arrhénius, l'argumentaire scientifique en bonne et due forme était bien mince. C'est un Américain, un certain James Hansen, qui apporta alors fort opportunément sa contribution.

Tout auréolé d'un brillant cursus universitaire et d'un parcours professionnel impressionnant, qui lui fit fréquenter des instituts aussi prestigieux que la NASA et le Goddard Institute for Space Studies, Hansen allait jouer de ses compétences et de sa réputation pour les mettre au service d'une conviction qu'il venait de faire sienne, l'effet de serre d'origine anthropique qui allait frapper la Terre serait catastrophique.

En s'appuyant sur ses propres travaux concernant Vénus et son atmosphère, pourtant bien différente de celle de la Terre, il prophétisa, à la grande sidération de certains de ses confrères, que nous marchions vers une catastrophe sans précédent. Pourtant rien de ce qui concernait Vénus ne pouvait laissait augurer pareille transposition pour la Terre.

Reprenons les faits. Bien plus petite que la Terre, Vénus est située plus près du soleil, 108 millions de kilomètres contre 150 millions pour la Terre et elle est entourée d'une atmosphère qui contient, en proportion, 2500 fois plus de gaz carbonique que celle de notre Terre. Nous ne sommes pas dans l'épaisseur du trait. Dans ces conditions tout à fait aimables sa température au sol peut atteindre 460°c durant le jour vénusien qui dure 122 jours terrestres et qui n'a pratiquement pas de saison du fait de son obliquité [3]. Avec une telle température maximale il y avait vraiment là de quoi enflammer les imaginations de scientifiques peu scrupuleux et accréditer ainsi la venue d'une catastrophe sans précédent pour notre Terre.

Seulement à y regarder de plus près, il y avait deux bémols à ces cauchemars de fin du monde. La différence de distance avec le soleil des deux planètes qui est loin d'être anecdotique (40 millions de kilomètres quand même) en termes de puissance radiative de la lumière solaire (elle est deux fois moins forte pour la Terre car elle diminue en fonction du carré de la distance) et surtout les compositions d'atmosphère qui sont hors de comparaison, la teneur en gaz carbonique de l'atmosphère terrestre est de 0,4 ‰ , 4 molécules pour 10 000, alors que celle de Vénus est pratiquement de 100 % (en fait 97%, le solde de 3% étant du protoxyde d'azote). Même si nous brûlions d'un coup la totalité de nos réserves connues de combustibles fossiles,

3. Vénus effectue une rotation rétrograde (inverse par rapport à celle de la Terre) complète sur elle-même en 243 jours terrestres, alors que sa course autour du soleil est seulement de 225 jours terrestres. Sur Vénus un jour complet (jour + nuit) dure plus longtemps qu'une année. Enfin, du fait de son obliquité quasi nulle par rapport au plan de l'écliptique, elle est dépourvue de saisons, ce qui maximise son exposition solaire.

la teneur en gaz carbonique de notre atmosphère ne ferait que doubler. Elle monterait ainsi à environ 0,8 ‰, soit 8 molécules de CO_2 pour 10 000 ! Nous y reviendrons plus en détail car il faut aussi considérer que le CO_2 ne reste pas éternellement dans l'atmosphère, il est recyclé par des processus d'absorption et de photosynthèse végétale. Mais tout cela n'empêcha pas Hansen de persévérer. Et c'est ainsi que l'on assista à la naissance d'un mantra : « La science a dit », « La science a parlé », circulez il n'y a rien à voir et à discuter.

Hansen convainquit ainsi deux sénateurs américains, Tom Wirth et Al Gore, déjà acquis à la cause, d'organiser une séance extraordinaire au Sénat américain le 23 juin 1988 pour inviter, avec véhémence, toute la presse et le gotha politique américain à prendre conscience de la catastrophe imminente. Bien évidemment cela eut un retentissement mondial et porta le GIEC sur les fonts baptismaux.

Et puis ce fut Rio de Janeiro en 1992 ! Pour cet événement planétaire toutes les instances environnementales et ONG précédemment citées furent invitées, dans tous les sens du terme d'ailleurs car elles n'eurent pas à bourse délier. Et c'est ainsi que se produisit la fusion idéologique sur le réchauffement anthropique du climat entre les organismes onusiens et les ONG défendant l'environnement. Ce fut un réel succès car cette idéologie règne toujours sans partage. Ce fut un moment historique pour l'humanité dira Maurice Strong.

S'ensuivit alors trois décennies de verrouillage idéologique dont le GIEC allait être la cheville ouvrière, quoique scientifiquement parlant nombre de ses membres dirigeants ne soient pas beaucoup plus compétents sur le climat que l'homme de la rue. Dans les faits, il s'agit souvent de ministres en charge de l'environnement des pays représentés. Cela va à l'encontre de ce que laisse croire l'acronyme de l'organisme en français : Groupement Intergouvernemental d'**Experts** pour le Climat.

Je ne vais pas m'appesantir sur l'organisation de type soviétique du GIEC qui lui permet de filtrer, choisir, élaguer, orienter, parfois écarter, les rapports de groupes d'experts, souvent compétents à ce niveau, quoique très peu d'entre eux peuvent prétendre maitriser plus d'une ou deux spécialités scientifiques relatives aux phénomènes affectant le climat. Nous en reparlerons aussi. Tous ces travaux, souvent effectués avec une véritable éthique scientifique sont alors passés à la moulinette dans des assemblées générales de représentants peu compétents, sauf sur le plan politique, pour laisser décanter les résultats qui s'éloignent par trop de la doxa dominante. Et puis et enfin il y a l'élaboration du rapport final bien orienté avec son résumé destiné aux « Décideurs politiques ».

Toute cette armée mexicaine bruisse comme une ruche, chacun défendant son pré carré en priant pour que cela dure longtemps... Et vu le nombre de personnes qui en vivent et qui doivent à cette cause la position qu'ils occupent professionnellement sur le plan national ou international, cela est bien parti pour durer !

Et c'est ainsi que les rapports alarmistes vont se succéder :

- 1990 pour préparer Rio...
- 1995 pour dissiper les doutes de certains scientifiques sur l'importance du CO_2 sur l'évolution anthropique du climat... Ce sera aussi l'année du « Climate Gate » où des experts de haut niveau dénués de toute honnêteté intellectuelle n'ont pas hésité à échanger des e-mails

avec des confrères faisant état de résultats trafiqués pour faire aboutir la nouvelle cause au niveau politique... À la suite de ce scandale, il aurait pu être décidé de faire valider les conclusions du GIEC par une commission scientifique indépendante. Il n'en a rien été et il en est toujours ainsi aujourd'hui.

- 2001 fut l'année de la polémique sur la courbe du réchauffement en forme de « Crosse de hockey » faisant état d'une très grande stabilité climatique sur 2500 ans avant une montée exponentielle des températures au milieu du XXème siècle, prémices de l'Enfer de Dante ! Pour qui s'intéresse tant soit peu à l'histoire du climat, on voit bien que cela ne s'est pas du tout passé comme ça. Sur cette période, il y a eu trois périodes chaudes, la première entre 100 et 200 après JC, sous les règnes d'Auguste et Tibère, la seconde entre l'an 1000 et 1300, sous le règne de Saint Louis, ce que l'on a appelé l'optimum médiéval, et enfin la troisième entre 1920 et 1940, juste avant la montée récente des températures à partir des années 1970. Entre ces périodes de réchauffement, il y a eu des périodes de refroidissements plus ou moins brutaux, dont celui du petit âge glaciaire qui s'est étendu de 1300 à 1850. Nous sommes donc très loin de la platitude sur 2500 ans de la courbe en forme de « Crosse de hockey » qui allait être brandie comme un étendard par le GIEC !
- 2004 qui vit le retournement de la Russie. Alexandre Illarionov, climatologue à la tête du groupe d'experts russes, qui avait déclaré dans son rapport final en tant que puissance invitante que : « Même en respectant à 100 % les protocoles préconisés par le GIEC cela n'aurait aucune influence significative sur le climat » ! Bien évidemment cette déclaration provoqua un clash avec la gouvernance du GIEC. Finalement un compromis fut

trouvé en rectifiant ce texte émis par le groupe d'experts russes, soulignant qu'il était surtout fait mention de l'innocuité (relative) du gaz sur le climat, le charbon restant bien évidemment une énergie à faire régresser rapidement vu son caractère éminemment polluant. On ne peut s'empêcher de penser à l'ombre d'un Vladimir Poutine arbitrant en coulisse entre ses propres experts et le GIEC tout en préservant la manne de la vente de gaz naturel russe à l'Europe et particulièrement à l'Allemagne. On comprend mieux aujourd'hui ce qui se tramait déjà derrière toutes ces postures assez éloignées de considérations scientifiques.

- 2006 c'est la sortie du film d'Al Gore « Une vérité qui dérange », véritable film d'épouvante qui mettait en scène les effets, bien sûr apocalyptiques, de la montée aux extrêmes des températures du globe. Ce film tourné par Davis Guggenheim laissait entendre bien entendu la responsabilité implacable de l'humanité. Et c'est pour ces éminents services rendus à ses semblables que Al Gore se vit couronné par un prix Nobel de la paix partagé avec.... le GIEC, en 2007 ! Davis Guggenheim quant à lui devra se contenter du prix du meilleur film documentaire.
- 2007 verra l'entrée sur le devant de la scène des Politiques avec un Jacques Chirac qui nous parla de « la maison qui brûle » et un Tony Blair qui n'hésita pas à dire : « Le désastre ne va pas intervenir dans un avenir lointain de science-fiction. Si nous n'agissons pas immédiatement, les conséquences seront désastreuses et irréversibles ».

Et l'énumération va s'égrener, sommet après sommet, rapport du GIEC après rapport du GIEC, COP après COP, avec quelques hauts faits, comme celui de Barack Obama qui déclara sans rire en 2008 à Copenhague sous la pression d'Al Gore : « Les faits sont clairs et le débat scientifique est clos. ».

La messe était-elle donc dite ? Comment pouvait-on oser encore contredire le président des États Unis ?

Et c'est ainsi que fut décidé la création d'un fonds d'aide aux pays en développement à Copenhague, ce qui n'était pas du tout critiquable en soi, mais on aurait pu en arriver à cette nécessité par d'autres moyens, sans invoquer l'apocalypse et sans répandre la peur dans le monde entier.

Et puis en 2015 ce fut la COP 21 de Paris, acmé de l'idéologie climatique, qui se termina avec la signature d'un traité par 195 pays, succès diplomatique pour la France, mais traité que personne ne respectera en ce qui concerne le climat sauf les idiots utiles dont l'Europe qui s'en trouvera affaiblie durablement. Rappelons que sur proposition d'Evo Morales, ex-président de la Bolivie et grand adorateur de la déesse Terre, Pachamama, à laquelle il a sacrifié officiellement un lama, ce traité a été signé le 22 avril 2016 à New York, proclamé « Journée internationale de la Terre nourricière ». Après le Dieu de la Bible, le monde s'inclinait devant la déesse Nature, qu'elle s'appelle Pachamama ou Gaïa !

La machine à diviser le nord et le sud de la Terre était lancée. C'était le début d'un mythe planétaire mortifère. Au lieu de se pencher sur la manière optimale de gérer le stock restant d'énergies fossiles tout en initiant un plan crédible et tenable de transition vers d'autres sources d'énergie, on allait se servir se servir de l'arme idéologique pour diviser et faire régner la terreur avec une menace de fin du monde.

Chapitre 3 : La loi du climat

« Moins une chose est connue plus on y croit avec ferveur »

Michel de Montaigne

Il n'y a pas de loi du climat.

Inutile donc de se tourner vers la science pour trouver une quelconque vérité absolue. Son évolution passée et future ne peut donc pas faire l'objet d'une démonstration formelle vérifiable et réfutable selon Karl Popper. Au mieux, nous pourrons nous tourner vers des modélisations informatiques plus ou moins justes pour tenter de reproduire son comportement afin d'arriver à des prédictions tant soit peu crédibles.

C'est donc faire preuve d'une culture scientifique bien indigente que d'affirmer haut et fort et à tout propos concernant le climat « la science a parlé » ou « la science a dit ».

Les modélisations informatiques développées pour simuler son évolution sont d'une complexité inouïe et nécessitent d'être mises en œuvre sur des super ordinateurs. De plus, il faut garder à l'esprit qu'aucune d'entre elles n'est aujourd'hui capable de reconstituer l'évolution passée du climat telle que nous pouvons la connaître historiquement parlant. Alors quant à en prédire son évolution pour les cinquante ou cent prochaines années, il faut une bonne dose d'optimisme béat ou de croyance aveugle pour entériner sans une prudente réserve les résultats de ces simulations. Tout au plus serons-nous capables d'établir des tendances avec des niveaux d'incertitude qui vont s'élargir très vite au fur et à mesure que nous nous hasarderons plus avant dans le futur. Et il viendra un moment ou la simulation n'aura plus d'intérêt car les écarts d'incertitude leur auront ôté toute réalité. Le GIEC soi-même le reconnaît. Ainsi page 744 du rapport 2001, il est écrit noir sur blanc qu'il n'est pas possible de prévoir le climat à long terme pour des raisons mathématiques ! Mais qui lit les rapports du GIEC en profondeur hormis les vrais spécialistes qui ne se contentent pas des rapports politiques biaisés ?

Ce que l'on peut lire aujourd'hui dans les rapports techniques successifs du GIEC peuvent se résumer à ce qui vient d'être énoncé. Le reste n'est qu'interprétations plus ou moins orientées selon les propres attentes, les propres croyances, des groupes d'experts. Et d'ailleurs ceci en faisant abstraction de ce que l'inventeur du modèle a fait digérer à son programme de simulation, en toute objectivité bien entendu…

Nous sommes donc que très rarement dans l'approximatif au mieux, et beaucoup plus souvent dans le subjectif ; et ceci pour encore un bon moment.

Pourquoi ?

En fait le climat dépend d'un nombre très important de phénomènes qui, pris individuellement, relèvent à leur tour d'approches mathématiques et physiques extrêmement complexes comme par exemple, la mécanique des fluides, la thermodynamique (notamment avec les transitions de phases mises au jour par Émile Clapeyron), la loi de Stefan modélisant le rayonnement du corps noir[1], la théorie du chaos, les probabilités, ... pour ne citer que les plus évidentes.

Revenons-en maintenant aux phénomènes physiques proprement dits ainsi qu'aux spécificités environnementales de notre chère Terre que l'on va tenter d'énumérer par ordre d'importance :

La physique du soleil, depuis que le manteau de la Terre s'est refroidi, notre étoile, le soleil, est pratiquement notre seule source d'énergie. Elle nous parvient sous forme radiative. Nous sommes donc dépendants à 100 % de ses humeurs, de ses éruptions cataclysmiques, de ses vents de particules, j'en passe et des meilleures. Heureusement malgré sa consommation gargantuesque d'hydrogène (620 millions de tonnes à la seconde), nous ne verrons pas son intensité baisser significativement. Nous en avons encore pour quelques milliards d'années avant qu'il n'entame son agonie sous forme de géante rouge en engloutissant ses planètes les plus proches, dont notre Terre.

L'astronomie avec tout particulièrement l'étude fine du comportement orbital de la Terre. On se limitera à énumérer les cycles classifiés par le serbe Milutin Milankovic.

Il s'agit d'abord des variations orbitales de la terre dans sa ronde autour du soleil. Ces variations sont encore appelées « excentricité ». Elles suivent des cycles d'environ 100 000 ans.

Viennent ensuite les variations de l'angle « d'obliquité » terrestre par rapport au plan de l'écliptique qui n'est pas figé pour l'éternité. L'obliquité varie selon un rythme de l'ordre de 40 000 ans.

1. Loi qui débouchera sur la naissance de la mécanique quantique après la catastrophe de l'ultraviolet identifiée par Max Planck.

Actuellement nous sommes dans une phase de redressement de l'angle d'obliquité de la Terre. C'est à dire que les tropiques descendent vers l'équateur alors que les cercles polaires remontent vers les pôles. Bien entendu il ne s'agit pas de kilomètres mais de dizaines de mètres avec tous les effets cumulatifs qui ne vont pas manquer de se manifester.

Nous pouvons déjà en voir les conséquences avec ce réchauffement global que les plus indigents s'empressent de mettre sur le seul compte des gaz à effets de serre d'origine anthropique, alors que la vitesse de réchauffement, plus rapide vers les pôles qu'en zone tropicale, confirment bien la prédominance de l'obliquité sur l'effet de serre. Si vous n'étiez pas convaincus, jetez un coup d'œil à la variation des éphémérides des solstices dans l'hémisphère nord pour un lieu donné sur une dizaine ou une vingtaine d'années. Vous constaterez qu'en hiver l'heure de coucher du soleil au solstice du soir – vers le 8 décembre – est de moins en moins précoce et que l'heure de son lever au solstice du matin – vers le 3 janvier – est de moins en moins tardive. C'est à dire que la durée d'exposition au soleil ne fait qu'augmenter depuis le début de ce cycle de redressement de l'axe de rotation de la Terre. Mais qui s'intéresse encore à une astronomie qui rythme pourtant bien nos vies et le climat ? Pourquoi cette période d'obscurantisme débridé ?

Et pour terminer nous en arrivons à la « précession des équinoxes » liée à l'effet gyroscopique que les enfants de naguère pouvaient constater en jouant à la toupie [2]. Aujourd'hui les enfants pratiquent beaucoup plus le jeu de la « petite poucette » avec Tik-Tok sur leurs téléphones

2. Il est assez stupéfiant que ce phénomène fut déjà identifié par l'astronome Hipparque né à Nicée et mort sur l'île de Rhodes en 120 avant JC, avec le peu de moyen qu'il avait à sa disposition. Nous avons des leçons à prendre !

portables comme le disait le philosophe Michel Serre. La période de variation gyroscopique terrestre, qui est de 26 000 ans, nous fait découvrir qu'au fil des millénaires l'étoile polaire pointée par l'axe de rotation de la Terre n'est pas toujours la même !

Ainsi dans le tintamarre climatique actuel qui a encore à l'esprit que l'excentricité orbitale, l'obliquité et la précession de la Terre puissent conjuguer leurs rythmes pour faire varier inexorablement le climat ? Qui imagine encore aujourd'hui que l'obliquité fait varier lentement l'emplacement des tropiques ? La conjonction de tous ces facteurs explique déjà en partie les grands cycles de refroidissements et de réchauffements du climat sans bien sûr que notre cher gaz carbonique y soit pour quelque chose.

Les sciences de la Terre que l'on pourrait encore subdiviser avec la géologie, l'océanographie incluant bien entendu l'étude des courants chauds ou froids (nous y reviendrons un peu plus loin) qui vont moduler notre climat, la vulcanologie et la géothermie qui lui est liée et bien évidemment la structure de notre atmosphère avec ses différentes strates que nous développerons au paragraphe suivant. En ce qui concerne la vulcanologie, rappelons l'influence des grandes éruptions volcaniques qui ont émaillé l'histoire de la Terre avec des conséquences durables pour le climat. Non seulement ces éruptions ont libéré des milliards de tonnes de gaz dans l'atmosphère, sans d'ailleurs que la Terre ne se soit réchauffée pour autant car l'effet des aérosols sulfurés libérés dans les hautes couches atmosphériques était bien plus important en provoquant des hivers volcaniques qui pouvaient durer plusieurs années. À ce sujet et en faisant abstraction de la pollution particulaire en basse atmosphère, il est intéressant de remarquer que le fait de brûler du charbon ne contribue pas plus que le gaz naturel à réchauffer la planète. Sa combustion libère beaucoup plus d'aérosols sulfurés que le gaz et crée ainsi un voile protecteur limitant la pénétration des rayons solaires en haute atmosphère[3]. Ainsi, si l'un de nos super volcans (Yellowstone aux Etats-Unis, les champs Phlégréens en Italie, le N'Gorongoro en Afrique sans oublier les monstres indonésiens) entrait prochainement en éruption nous ne mettrions que très peu de temps avant de regretter notre présent réchauffement…

Les sciences de l'atmosphère ou l'aéronomie où l'on entre alors dans le cœur du sujet qui nous occupe – le climat –, d'ailleurs beaucoup plus en termes de conséquences qu'en termes de causes. Bien évidemment le fameux effet de serre en fait partie et nous lui consacrerons un chapitre complet. Notons quand même au passage que cela réunit énormément de phénomènes divers comme la dynamique des vents et turbulences (mécanique des fluides), les modalités d'échanges thermiques entre les différentes couches de l'atmosphère et plus particulièrement entre la couche basse et le sol, celui-ci étant plus ou moins solide (sol nu ou recouvert de glace), liquide avec les mers et océans pouvant être à leur tour gelé sous forme de banquises, plus ou moins chaud ou froid, ce qui se traduit par des pouvoirs calorifiques bien différents. Et on voit poindre ici l'importance que prend la glaciologie pour l'étude du climat.

Quoique nous n'ayons pas épuisé le sujet de l'aéronomie, nous allons mettre en avant deux interfaces clés. **Les interactions du rayonnement solaire avec les molécules de la haute atmosphère** sont aussi fondamentales, comme on l'a vu avec les aérosols. Ces

3. Les centrales à charbons modernes sont pourvues de dispositifs efficaces pour limiter la dissipation d'aérosols dans l'atmosphère.

mêmes interférences sont toutes aussi importantes entre le **rayonnement du corps noir réémit depuis la surface de la Terre et la basse couche de l'atmosphère**. Là encore la réflectivité de la surface terrestre va s'avérer fondamentale et on va retrouver, cette fois encore, l'importance de la glaciologie[4], la réflectivité de la glace ou de la neige n'étant pas du tout la même que celle d'un sol nu, ...

L'influence des océans est également incontournable pour déterminer le climat de la Terre. Il est clair que sans la présence des océans, le climat de la Terre ne serait pas celui que l'on connaît. Pour s'en convaincre, il suffit de voir ce qui s'est passé sur la planète Mars. Indépendamment du fait que cette planète se trouve plus éloigné du soleil que la Terre, 220 millions de kilomètres pour Mars contre 150 pour la Terre, Mars a perdu à la fois ses océans et la majeure partie de son atmosphère. Ainsi, non seulement elle bénéficie d'une insolation beaucoup plus réduite, d'environ 50%, elle ne dispose pratiquement plus de dispositifs de régulation de son climat., Il faudra une bonne dose de motivation et d'optimisme pour envisager de s'expatrier sur cette planète comme le propose Elon Musk.

Dans sa magnificence et sa divine profusion, l'eau, sans qui la vie n'aurait pu naître, couvre plus de 70% de la surface de la Terre sous forme d'océans, de mer et de lacs. Outre cette caractéristique qui a valu à notre Terre le surnom de planète bleue, il faut rappeler que les propriétés physiques de l'eau vont avoir une importance considérable sur la régulation du climat existant

4. Beaucoup de climatologue sont issus de la glaciologie.

Ainsi grâce à sa chaleur massique[5] l'eau présente une inertie bien plus importante que les terres émergées pour se réchauffer ou se refroidir. Nous sommes tous à même de constater que, selon l'endroit où nous nous trouvons, les zones côtières bénéficient d'un climat beaucoup plus tempéré que les zones continentales qui sont sujettes à des amplitudes thermiques atteignant plusieurs dizaines de degrés entre l'hiver et l'été.

Cette influence régulatrice de l'eau par le biais des océans se manifeste aussi grâce aux courants chauds ou froids qui sillonnent toutes ces étendues marines pour réchauffer ou refroidir les régions qu'ils côtoient.

Au-delà de ces considérations thermodynamiques, n'oublions pas le rôle de la chimie et de la biologie qui se déploient au cœur des océans. S'ils absorbent un petit 30% du gaz carbonique terrestre émis, contribuant ainsi à réguler sa teneur dans l'atmosphère, ce n'est pas pour autant sans conséquences.

Ainsi une part du CO_2 absorbé par les océans est directement dissoute dans l'eau par réaction chimique entrainant son acidification progressive du fait de la production d'acide carbonique[6], tandis que l'autre part du gaz carbonique est recyclée en oxygène grâce à la photosynthèse mise en œuvre par le phyto plancton, lequel, selon les espèces, étant plus ou moins affecté par l'augmentation de l'acidité de l'eau. Rien n'est simple et tout se tient.

Enfin, pour clore cette énumération, mentionnons **l'interaction de la basse atmosphère avec le vivant**

5. Il ne faut pas moins de 1,16 Wh (près de 4200 joules) pour élever d'un degré la température d'un litre d'eau. Et que dire du coût énergétique des transitions entre ses trois phases que nous connaissons tous, liquide, solide (glace), et gazeuse (vapeur d'eau) qui sont bien plus considérables.

6. Heureusement l'acide carbonique dont la formule chimique est H_2CO_3 est un acide assez faible. Cependant la quantité produite n'est pas pour autant sans conséquences.

et ce n'est d'ailleurs pas le moindre du débat qui occupe présentement l'humanité à propos du climat. Ainsi il est bon et fondamental de rappeler le rôle que joue le vivant dans la régulation du gaz carbonique et du méthane pour ne citer que ces deux gaz, bien présents dans notre atmosphère. Pour simplifier on peut dire que, grâce au mécanisme de la photosynthèse le végétal et le phytoplancton absorbent du gaz carbonique pour rejeter de l'oxygène, alors que le monde animal rejette du gaz carbonique et du méthane après avoir absorbé de l'oxygène. Ces deux effluents étant considérés comme « à effet de serre ». Nous y reviendrons bien entendu. Mais les rejets humains ne se limitent pas à leur respiration et à leur digestion. Par le biais des énergies fossiles ils vont se chauffer, bâtir, construire, se mouvoir, prolongeant ainsi la « respiration » d'êtres vivants morts pour les plus anciens depuis plus d'un milliard d'années ! Et nous en arrivons ainsi au cœur du problème qui nous occupe.

Tous ces phénomènes que nous venons d'énumérer jouent à plein pour déterminer notre climat ainsi que son évolution. On voit bien après cette longue énumération, sans doute bien incomplète, qu'il s'agit plutôt de ce que les scientifiques appellent un phénomène d'émergence d'un système complexe que de lois prédictibles tant le mille-feuille qui le constitue est inextricable.

Avec le climat nous sommes beaucoup plus proche de la théorie du chaos que d'un simple effet de serre !

Voilà déjà pour vous mettre en appétit pour ce qui va suivre.

Chapitre 4 : L'effet de serre

« Car mon langage à moi, il est toujours le même : c'est que je ne sais pas de science certaine ce qu'il en est de tout cela. »

Socrate

C'est une appellation on ne peut plus trompeuse. Elle va transformer tout un chacun en climatologue de haut niveau, avec un biais catastrophiste bien évidemment.

En effet quoi de plus simple à comprendre qu'il fait plus chaud dans une maison lorsque l'on se tient derrière une vitre exposée au soleil en plein été. Cela devient d'ailleurs très rapidement intenable tant la température s'emballe ; à fortiori s'il ne s'agit plus d'une maison mais d'une voiture fermée. Comme chaque été, on déplore de nombreux accidents, lorsque des gens distraits « oublient » un bébé ou un animal de compagnie dans leur voiture, ne serait-ce que pour quelques minutes pour faire leurs courses. La mort arrive très rapidement.

Ce phénomène qui fait les titres des faits divers en période estivale est néanmoins mis à profit par les jardiniers et maraichers pour produire des fruits et légumes en toute saison. En gérant la ventilation de leurs serres, ils arrivent à reconstituer une atmosphère quasi idéale en termes de température et d'humidité pour produire leurs cultures. Ainsi faut-il garder à l'esprit que les serres ne sont pratiquement jamais fermées, sauf quand il fait extrêmement froid l'hiver, et encore.

Ce modèle est-il transposable purement et simplement à notre Terre pour expliquer la régulation thermique de notre atmosphère par « effet de serre » ?

Hélas non, c'est un schéma beaucoup trop simpliste !

Une serre horticole est une « bulle » constituée par une verrière ou un film polyéthylène étanche à l'eau et à l'air tendu sur des arceaux, la convection n'étant assurée que par des ouvertures judicieusement positionnées et réglées. Ce modèle n'est pas du tout transposable au système physique constitué par la surface terrestre et les couches basses de l'atmosphère. L'atmosphère n'est en rien un couvercle étanche au-dessus du sol ou de la mer. Ainsi l'augmentation de la température dans une maison, une voiture ou une serre horticole est essentiellement produite par la faible convection, voire son absence, ne pouvant évacuer la chaleur produite par le rayonnement noir des surfaces insolées. Pour ce qui concerne notre atmosphère c'est l'inverse qui se produit. La convection joue un rôle beaucoup plus important. Le couvercle n'est pas fermé, comme sur Vénus par exemple.

Tout d'abord revenons sur cette notion de rayonnement noir (ou du corps noir). Lorsqu'un corps est chauffé, il ne se refroidit pas instantanément. Il va émettre de la chaleur pendant un certain temps sous la forme d'une lumière dont la fréquence est plus ou moins proportionnelle à la température de ce corps. Pour ce qui va nous occuper dans ce chapitre, il s'agira le plus souvent de rayonnement infrarouge, donc invisible à nos yeux. Nous pouvons néanmoins en ressentir les effets lorsque nous nous tenons près d'un poêle qui vient de s'éteindre.

C'est la dissipation de ce rayonnement dans notre atmosphère qui joue un rôle primordial dans ce que nous appelons l'effet de serre climatique. S'il s'évacue rapidement vers les hautes couches de l'atmosphère cela n'aura que peu ou pas d'influence sur les températures et le climat, en revanche s'il est absorbé ou réfléchi, donc confiné, on aura alors un effet de serre climatique plus ou moins important et durable en fonction des phénomènes de convection des masses d'air affectant l'atmosphère.

Explicitons d'abord ce phénomène d'absorption des rayons solaires par toute surface [1]. Bien entendu cette absorption qui produit de la chaleur, n'est pas identique selon la nature des matériaux et même de leur état de surface. Ainsi l'expérience pratique indique que les corps foncés (ou noirs) absorbent bien plus les rayons solaires pour les transformer en chaleur que les matériaux clairs, qui auront tendance à les réfléchir davantage plutôt que de les convertir en chaleur. Chacun est à même de constater qu'en montagne on est bien plus ébloui par la neige que par les rochers. En revanche les rochers vont monter en température beaucoup plus rapidement que la neige ou la glace.

Pendant la journée, notre soleil nous envoie un rayonnement moyen d'environ 350 W/m^2. Rappelons que c'est essentiellement la variation de ce rayonnement primaire qui va déterminer la marche du climat. Il dépend essentiellement des cycles solaires et des facteurs astronomiques que nous avons déjà mentionnés.

Un gros 20% de ce rayonnement est déjà renvoyé vers l'espace en se réfléchissant sur les hautes couches de l'atmosphère surtout du fait de la présence d'aérosols, essentiellement à base de soufre.

1. Et tout matériau d'ailleurs, y compris dans notre atmosphère elle-même. Mais le fait que celle-ci soit « transparente » nous indique qu'elle interagit très peu avec les dits-rayons solaires (cela dépend essentiellement de leur spectre de longueur d'onde, donc de leur énergie).

20% sont à nouveau absorbés par les « Gaz à Effet de Serre » ou GES en produisant de la chaleur avant d'arriver au sol.

Avant de poursuivre, rappelons brièvement la composition de l'atmosphère terrestre. Elle est composée à 75% d'azote, de 20% d'oxygène, de 1% d'argon. Le reste, environ 4%, représentant la totalité des GES.

Il y a donc environ 60% des rayons solaires qui vont atteindre la surface terrestre. À ce stade, ils vont se confronter à la réflectivité de cette surface, ce que les climatologues appellent l'albedo. Comme nous l'avons déjà évoqué cet albedo n'est pas uniforme sur toute la Terre. Celui d'un glacier sera beaucoup plus important (proche de 100%) que celui d'un sol sombre (proche de 0%). Néanmoins on peut calculer un albedo moyen pour la Terre. Il est de l'ordre de 30%.

Ainsi un petit 20% des rayons solaires incidents vont être réfléchis au sol et renvoyé dans l'atmosphère.

Et les derniers 40% sont absorbés au sol et transformés en une chaleur qui va se dissiper à nouveau essentiellement sous forme d'un rayonnement infrarouge vers l'atmosphère.

L'évolution des températures de la couche basse atmosphérique va dépendre, au moins partiellement, de la possibilité de dissipation de ce rayonnement infrarouge, c'est à dire de « l'effet de serre » climatique.

Comme nous l'avons déjà entrevu avec la traversée des rayons solaires incidents, cet effet de serre dépend essentiellement de la présence plus ou moins importante de gaz moléculaire dans l'atmosphère, les gaz à effet de serre ou GES. Nous allons maintenant les énumérer par ordre d'importance. Ces gaz ont le pouvoir d'absorber - donc de se réchauffer - ou de réfléchir le rayonnement infrarouge au lieu de le laisser s'évacuer sans interaction vers les hautes couches de l'atmosphère, puis vers l'espace.

Le premier gaz qui régule cette capacité d'échange entre le sol terrestre et l'atmosphère est la vapeur d'eau (H_2O). Elle représente pratiquement la totalité des GES, soit environ 4% de la composition de l'atmosphère terrestre. Sa présence dans l'atmosphère n'est pas homogène tout autour du globe, elle dépend des cycles de l'eau locaux et son stock global reste à peu près permanent. La vapeur d'eau est donc le gaz à effet de serre par excellence, le plus puissant par son abondance. Celui dont on constate les effets pratiquement tous les jours quand le ciel est dégagé les matins d'hiver et que nous ressentons la morsure du froid. Si le ciel était resté couvert, donc avec de la vapeur d'eau, les températures auraient beaucoup moins baissé.

Ainsi, s'il n'y avait aucun effet de serre dû à la vapeur d'eau dans notre atmosphère, notre température au sol descendrait à -18°c !

Derrière la vapeur d'eau, viennent ensuite notre fameux CO_2, autrement dit le gaz carbonique, le méthane (CH_4), le protoxyde d'azote (NO_2), et bien sûr quelques autres, comme les composés fluorés, très puissants mais en quantités infinitésimales.

En dehors des phénomènes géologiques et volcaniques, le CO_2 trouve son origine dans les émissions provenant de toutes les espèces animales, y compris l'homo sapiens. En ce qui concerne les humains leurs émissions sont liées non seulement à leur respiration (nous rejetons tous du CO_2) mais aussi aux émissions provenant des énergies fossiles qu'ils utilisent pour se chauffer, bâtir, construire, se déplacer... Les émissions de CO_2 augmentent donc en grande majorité avec la croissance de la population humaine. Aujourd'hui le stock de CO_2 représente environ

0,04 % de l'atmosphère, mais son efficacité relative est bien plus forte que celle de la vapeur d'eau. Sa durée de vie dans l'atmosphère est d'environ 100 ans. Il se régule notamment par le phénomène de sa séquestration par le monde végétal. Le processus de photosynthèse permet aux végétaux, dont le phytoplancton, de convertir le CO_2 de l'atmosphère en oxygène. Ainsi la présence de gaz carbonique dans l'atmosphère est favorable aux rendements agricoles et aussi à la prolifération des algues. C'est un point qui est très positif pour l'agriculture au niveau des rendements, beaucoup moins s'il s'agit de sargasses dans nos chères Antilles !

Nous en arrivons ensuite au méthane dont les émissions sont très liées à l'élevage, particulièrement celui des bovins. Tout en ayant un « effet de serre » très important, 35 fois plus puissant que celui du gaz carbonique, son taux de présence est sans commune mesure avec celui du CO_2, 0,0002% au lieu de 0,04%. De plus sa durée de vie dans l'atmosphère est de l'ordre de 10 ans, ce qui limite ses effets dans la durée.

Mentionnons aussi le protoxyde d'azote, le NO_2, encore plus puissant que le méthane, 500 fois plus puissant que le gaz carbonique, mais sa présence dans l'atmosphère est infiniment plus faible : 0,00003%. De ce fait son influence est bien moindre quoique sa durée de vie soit du même ordre que celle du CO_2, soit 110 ans.

Cette revue des principaux gaz à effet de serre nous permet déjà d'identifier ceux sur lesquels nous « pourrions » avoir une quelconque influence pour limiter leurs effets.

Oublions la vapeur d'eau qui dépend du cycle naturel de l'eau, même si la température atmosphérique peut faire jouer son niveau de stockage selon ses différentes formes :

solide, liquide ou gazeux (lois de Clapeyron). Elle échappe pratiquement complètement au contrôle humain.

En fait, il y a surtout deux GES qui ont potentiellement une incidence importante sur le réchauffement climatique et dont le stock est en croissance continue et en partie lié à l'activité humaine. Il s'agit du gaz carbonique et du méthane.

Comme nous l'avons vu, même si le méthane a une puissance relative très forte, son stock et sa croissance ne sont pas suffisants pour affecter durablement le climat. De plus sa durée de vie est brève, de l'ordre de 10 ans.

Reste donc le gaz carbonique, le grand épouvantail dont on nous parle matin, midi et soir depuis des décennies. Celui dont on mesure l'empreinte à tout bout de champ et à tous propos. Celui qui pourrait déclencher une fin du monde selon certains Pilippulus[2], grands zélateurs du climat.

Son stock actuel est d'environ 3000 milliards de tonnes. Il croît d'environ 40 milliards de tonnes par an, surtout du fait de l'utilisation des énergies fossiles. Cela étant dit et n'en déplaise à James Hansen, il ne pourra jamais atteindre les proportions mesurées dans l'atmosphère de Vénus pour deux raisons. La première tient à la stabilisation de la population humaine aux alentours de 10 milliards d'individus. La deuxième tient au fait que le stock d'énergies fossiles n'est pas illimité, mais bel et bien fini. Aujourd'hui, on estime que nous avons déjà utilisé la moitié de ce stock et nous avons encore plusieurs dizaines d'années devant nous pour en voir le bout. Nous en reparlerons dans le chapitre suivant.

2. Relire l'album des aventures de Tintin, « L'Étoile mystérieuse » ; de Hergé

Avec ces éléments, on peut d'ores et déjà calculer quelle serait l'influence sur notre atmosphère si nous « brûlions » la totalité du stock restant d'énergies fossiles. Avec une simple règle de trois et quelques correctifs pour tenir compte des phénomènes d'absorption, on verrait que ce stock de CO_2 grimperait à 5000 milliards de tonnes, ce qui ferait passer son taux atmosphérique à environ 0,07%, voire 0,08 %, avant qu'il ne commence à décroître. Nous serions encore très très loin du couvercle énergétique étanche de Vénus qui avait déclenché l'alarme générale !

Encore un dernier point avant de quitter l'effet de serre climatique proprement dit.

Quel est donc son poids relatif par rapport aux autres causes d'influence sur le climat ?

La tentation est grande au vu de tout ce que nous venons d'évoquer de faire un lien immédiat entre l'effet de serre climatique et le réchauffement que nous constatons depuis une cinquantaine d'année. En effet il y a une corrélation sans conteste entre la croissance de la teneur en gaz carbonique de l'atmosphère et sa montée en température sur la même période. Ce qu'avait prédit Bert Bolin semble ainsi se réaliser...

Alors la démonstration serait-elle faite pour autant ?

Eh non, et ce serait aussi simpliste que de comparer l'effet de serre climatique avec celui que l'on constate dans une voiture l'été ! Même si sur la période des cinquante dernières années il y a corrélation entre le taux de CO_2 et la montée en température, cela ne se vérifie pas du tout dans le temps long.

Sans pour autant remonter au Big-Bang, il faut rappeler que le climat a énormément changé, alternant périodes de refroidissement et de réchauffement, avec parfois des variabilités très rapides, sans que le gaz carbonique y ait joué un rôle significatif et même parfois inverse à celui dont on nous rebat les oreilles aujourd'hui ! Ainsi une étude publiée en 2021 de Pascal Richet de l'Institut de physique du globe de Paris sur les carottages effectués par la station antarctique Vostok, fait état, que sur une période de 423 000 ans, les hausses de température ont précédé l'augmentation de la teneur en CO_2 de l'atmosphère d'environ 800 ans et non l'inverse ! Inutile de dire que ces informations ne filtrèrent pas dans la presse toute acquise à la religion climatique anthropique.

Au paléolithique nos ancêtres ont survécu à des changements climatiques d'une brutalité inouïe, sans doute les plus violents au cours des deux derniers millions d'années, selon Olivier Postel Vinay. Les périodes tièdes succédèrent à des périodes glaciaires extrêmes avec des réchauffements imprévisibles pouvant atteindre plus de 15°c, le temps d'une génération humaine. Nous en sommes très loin aujourd'hui.

Il y a 19 000 ans une calotte glaciaire pouvant atteindre trois kilomètres d'épaisseur recouvrait pratiquement toute la Scandinavie et les trois quarts de la Grande Bretagne. La Manche se traversait à pied sec et le trait de côte de la Bretagne était repoussé à des dizaines de kilomètres à l'ouest d'Ouessant. Le niveau de la mer se situait à 130 m en dessous du niveau de la mer actuel.

Au début de l'holocène, il y a 12 000 ans, commença alors une période interglaciaire avec un réchauffement très brutal et très rapide que l'on a appelé le Bölling, il est surtout perceptible au Proche et Moyen Orient ! Un réchauffement extrêmement rapide de plus de 10°c se manifeste également en Europe du Nord et en Angleterre. Le niveau de la mer monte d'une quinzaine de mètres en 350 ans, soit de 40 à 50 mm par an, dix fois plus que ce que l'on constate aujourd'hui (3 mm par an). Et certains prétendent, sans rire, dans des émissions pseudo scientifiques que nous vivons actuellement un réchauffement jamais connu par l'espèce humaine !

Après une succession de mini-âges glaciaires et de réchauffements violents, le climat se stabilise enfin sur une plus longue période qui verra l'émergence des premières grandes civilisations, babylonienne, égyptienne, grecque, incas, maya, chinoise, japonaise... Et pour en terminer avec ce rapide coup d'œil dans le rétroviseur, rappelons qu'à notre époque récente il y a eu aussi de tels changements. Il suffit d'évoquer les périodes grecque puis romaine, plutôt chaudes, qui ont été suivies par l'optimum médiéval, optimum que nous n'avons toujours pas rattrapé en termes de températures et auquel a succédé sans crier gare le petit âge glaciaire [3] qui a entrainé des famines et des chutes d'empires et d'états aux XVIIème et XVIIIème siècle [4]. Plus proche de nous, car nous allons revenir seulement cinquante ans en arrière, faisant suite à une période de réchauffement au début des années 1940, le climat est rentré dans une période plus froide pour environ trois décennies. C'est ainsi qu'en 1974 la CIA publia un rapport dans lequel il était mentionné : « Les principaux climatologues du monde occidental ont confirmé les récentes observations d'un changement climatique dommageable ».

Pensez-vous qu'il s'agissait de l'annonce des prémices de notre réchauffement ?

---

3. Il est tout à fait sidérant que certains idéologues du climat ont défendu une thèse comme quoi le « petit âge glaciaire » aurait été provoqué par les retombées de la découverte de l'Amérique par Christophe Colomb. Et cette bouffonnerie a même été rapportée fin mars 2024 dans la matinale Télé matin de France 2 !

4. Ce fut le cas de l'empire Ming en Chine, de l'empire constitué par la Lituanie et la Pologne, sans oublier le démembrement de l'empire espagnol.

Eh non, pas du tout, car dans la suite du rapport il est fait mention d'un retour aux conditions d'un nouveau « petit âge glaciaire », un véritable climat boréal ! Et bien sûr, à l'époque, cette prédiction a été relayée par la presse écrite, dont le New York Times, et la télévision américaine.

Il est du plus haut comique que ces communications américaines antinomiques suscitées d'une part par la CIA pour annoncer l'arrivée d'un nouvel âge glaciaire et celle, d'autre part, d'un Bert Bolin annonçant un réchauffement climatique sans précédent, aient été pratiquement concomitantes.

C'était un nouveau pied de nez de dame nature, car depuis le milieu des années 1970, nous assistons bien à un réchauffement d'abord peu marqué, voire chaotique, jusqu'à ce qu'il ne s'accélère modérément plus récemment.

Il est donc utile de rappeler à nos climatologues de la dernière heure, histoire et témoignages des anciens à l'appui, qu'un train peut en cacher un autre, et que le CO_2 ne fait pas tout, sans pour autant prétendre qu'il ne fasse rien ! Gardons toujours à l'esprit qu'il puisse avoir un rôle bien moins important que celui qu'on lui prête aujourd'hui !

Ce constat n'est pas du seul ressort de l'auteur de ces lignes. Il est partagé par de nombreux scientifiques et spécialistes du climat qui ont pour seul tort de n'être pas dans la ligne du parti. Une réelle préemption idéologique de cette cause du réchauffement anthropique du climat a été menée avec succès il y a une cinquantaine d'années. En cette période de déconstruction où l'idéologie prime sur la réflexion, il est peu probable que les choses évoluent à court terme. Et pourtant il y aurait bien de quoi se poser pour réfléchir ensemble, car une telle fuite en avant pourrait déstabiliser définitivement des équilibres économiques déjà précaires.

Pour étayer mon propos, je rappellerai que cette situation était déjà dénoncée il y a une bonne vingtaine d'années, en 1999 pour être précis. Cette année-là une initiative de lutte contre l'idéologie du réchauffement climatique anthropique a été prise aux USA sous le nom de « l'Oregon Petition ». Elle a été signée par plus de 3 000 scientifiques hautement diplômés (PhD) de toutes spécialités. En voici la teneur :

« Nous demandons instamment au gouvernement américain de rejeter l'accord sur le réchauffement climatique élaboré à Kyoto ou toute autre proposition similaire. Les limitations envisagées pour les émissions de gaz à effet de serre freineraient le progrès des sciences et de la technologie et seraient néfastes au progrès et au bien -être de l'humanité. Il n'existe pas d'évidence scientifique convaincante que les rejets d'origine humaine de CO_2, de méthane et autres gaz à effet de serre causent ou pourraient causer dans un avenir prévisible un réchauffement catastrophique de l'atmosphère terrestre et un bouleversement du climat de la planète. »

Ce texte ne nie pas l'existence de variations naturelles du climat, mais affirme que la responsabilité catastrophique que pourrait avoir l'homme sur son évolution n'a pas de fondement.

Citons encore quelques autres victimes françaises de cette vindicte féroce des tenants de la pensée unique. En France nous pourrions citer Claude Allègre et Vincent Courtillot, tous deux réduits au silence médiatique.

Aux USA, nombreux sont qui ont subi le même sort.

Ainsi Steven Koonin, physicien théoricien, élève de Richard Feynman prix Nobel de physique 1965, professeur au Caltech et à l'université de New York, qui a été sous-secrétaire à l'Énergie pour la Science sous la présidence de Barack Obama, qui hélas ne l'écoutera pas... Il a publié un livre intitulé : « Climat, la part d'incertitude », ouvrage équilibré et impartial. Mais, il a été attaqué ad hominem pour s'être affranchi du dogme !

Will Harper, professeur de physique de l'université de Princeton a été licencié de son poste de directeur de recherche au ministère de l'Énergie pour avoir émis des doutes sur la doxa climatique en cours.

Toujours dans le domaine du bashing et de l'exclusion de ceux qui ne pensent pas comme tout le monde, Willie Soon, scientifique rattaché au Harvard Smithsonian Centre for Astrophysics qui travaillait depuis plus de vingt ans sur l'importance des cycles solaires sur la variabilité du climat, s'est vu accusé d'être financé par les industries pétrolières en février 2015 par un New York Times tout acquis à la cause millénariste. Sa carrière en a été profondément affectée. Notons encore une fois, que lorsqu'il y a réparation en justice de ces comportements insupportables, celles-ci sont soigneusement passées sous silence.

Et pour terminer cette énumération américaine, mentionnons la réflexion du professeur Richard Lindzen du MIT, éminent spécialiste de la physique de l'atmosphère, qui a démissionné avec fracas du GIEC lorsqu'il s'est aperçu de ces fameuses distorsions idéologiques qui gangrenaient la gouvernance de cette organisation internationale. En claquant la porte, il a eu ces mots qui ne s'inventent pas : « Contrôler le carbone est un rêve bureaucratique. Si vous contrôlez le carbone, vous contrôlez la vie », un rêve de démiurges fous.

Dans les autres pays européens, la chasse aux sorcières a également eu lieu. Certains professeurs de l'université de Louvain en Belgique ont subi les mêmes attaques.

La principale ligne d'attaque des millénaristes contre ceux qui contestent leur position sur le climat s'appuie aussi sur la litanie des catastrophes naturelles et phénomènes météorologiques exceptionnels qui ne manquent pas de se produire aujourd'hui comme hier. La seule différence réside aujourd'hui dans leur surexposition médiatique, stratégie voulue et assumée et que nous n'avons pas manqué d'évoquer dans les chapitres précédents. Et bien sûr cette surexposition ne manque pas d'amplifier le stress catastrophiste et de laisser croire que ces phénomènes deviennent de plus en plus fréquents et violents pour ne pas dire incontrôlables. De plus, le fait qu'il y a objectivement un réchauffement climatique en cours, donc un accroissement de relevés de températures au-dessus des « normales saisonnières », qu'il faudrait quand même réactualiser de temps en temps, et qu'il y a également une tendance à un accroissement de l'intensité de certains phénomènes violents, notamment au niveau des précipitations (la capacité d'absorption de l'eau dans l'atmosphère croit avec la température), entretient la confusion de genre chez un public non informé. Or l'examen objectif des faits indique qu'il n'en est rien. Sans pour autant renvoyer au livre de Steven Koonin, qui est très explicite et objectif sur cet aspect des choses, statistiques officielles à l'appui, je vais renvoyer à des articles publiés dans les rapports successifs du GIEC.

Ainsi, il n'est pas inutile de rappeler que la température globale de la basse troposphère n'a augmenté que de 0,8°c entre 1880 et 2018 et que le GIEC prévoyait une augmentation de température comprise entre 0,8°c et 1,2°c dans son rapport de 2019. Il n'y a pas que des idéologues excités dans cette organisation protéiforme et tentaculaire. Mais pour s'en convaincre, il faut lire et analyser et comprendre des milliers de pages souvent fort bien documentées (au point de les rendre indigestes), ce que bien entendu personne ne fait, si ce n'est les spécialistes.

En fait, pour s'informer, nos dirigeants et journalistes se contentent souvent de lire des « résumés » soviétiques idéologiquement biaisés… Ainsi, en fouillant un peu, il est surprenant de lire dans le millefeuille des rapports, mais bien évidemment pas dans le résumé destiné à la presse et aux politiques, que l'impact du réchauffement sera faible ! Et pour faire face à ce réchauffement, qu'il faudra faire preuve de discernement, de courage et de résilience, tout en sachant que cela dépendra dans une large mesure de notre prospérité matérielle, donc de l'énergie que nous aurons à notre disposition !

Autant il est nécessaire de relativiser la responsabilité anthropique sur le réchauffement climatique, autant cet état de fait ne doit pas conduire à l'inaction. D'une part ce réchauffement semble bien établi, quoique nous ne sachions pas pour combien de temps, mais surtout nous devons gérer une période de transition pour nous sevrer progressivement des énergies fossiles, leur stock étant fini.

Sur ce dernier point, il semble complètement utopique de se plier aux décisions inconsidérées du traité de Paris, relayées, voire surinterprétées, par l'UE pour arriver à une neutralité carbone en 2050. Une pure folie.

L'univers du pétrole en 2024 représente 150 000 litres, soit 100 000 $ à la seconde. Quelle organisation, quel état pourrait prétendre à le dominer ou à le contrôler. Même l'OPEP représentant 70% des réserves mondiales n'y est pas parvenue. Et l'on voudrait que tout se termine, d'un coup de baguette magique en 2050 ???

Il n'y a bien eu que les Européens intoxiqués par la question du climat pour y croire. Cette idéologie climatique, si bien relayée par la gauche qui y voit aussi un moyen de réveiller de vieux réflexes anticapitalistes [5], les a conduits à prendre des décisions d'une brutalité inouïe, quitte à ébranler des pans complets de leur industrie comme l'automobile.

Ainsi, il sera interdit de vendre des voitures neuves à moteur thermique dans l'UE dès 2035 ! De qui faisons-nous la fortune avec de telles décisions ?

Même s'il a déjà fait d'immenses progrès, le stockage de l'énergie électrique dans des batteries s'avère encore très peu performant. À poids égal, un kilo de batterie électrique contient cinquante fois moins d'énergie qu'un kilogramme d'essence. De plus le temps de charge, directement lié à la puissance installée de la source, peut atteindre plusieurs heures en usage domestique, sans jamais descendre en dessous de l'heure pour une recharge « rapide » complète. Ceci sans oublier des problèmes d'incendies accidentels qui se sont multipliés lors de recharges dans des garages fermés avec ce type de technologie.

Et le cas de l'automobile, n'en est qu'un parmi de nombreux autres. L'agriculture s'est récemment réveillée au bon souvenir des instances européennes et des états. Le bâtiment en a fait aussi les frais avec les retombées que l'on a constatées sur le coût de la construction et le classement énergétique, ici encore lié à un calendrier intenable, qui a conduit à assécher complètement l'offre de logements à la location.

5. Chico Mendes, syndicaliste militant brésilien n'a pu s'empêcher de reconnaître que « sans lutte des classes, l'écologie c'est du jardinage ».

Si tous s'accordent à reconnaître que le temps des gabegies est terminé, il nous faut mettre en place une transition raisonnable qui ne ruine pas les états, les industries et autres activité économiques et donc in fine, les citoyens.

Pour conclure ce chapitre sur une note plus positive, je rappellerai que l'effet de serre n'est pas forcément synonyme de mal absolu. Si nous avons déjà vu comment il nous évite de vivre sur une Terre congelée, il permet aussi la culture de fruits et légumes en toutes saisons, comment il a un effet bénéfique sur les rendements agricoles et la croissance de la végétation, peu de gens réalisent que c'est aussi grâce à cet effet de serre jouant au niveau atomique que la vie a pu surgir sur Terre à partir d'un univers minéral.

Mais comment donc me direz-vous ?

Grâce à cet atome que presque tout le monde voue aux gémonies, celui à qui nous devons tout puisque nous lui devons la vie et le fait d'être là, le carbone [6] !

Pour peu que l'on s'intéresse à la biologie, on va découvrir que nous sommes faits essentiellement de molécules organiques, toutes bâties autour du carbone. Autant les molécules minérales non carbonées sont peu nombreuses, de l'ordre du millier, autant les molécules organiques ouvrent un champ quasiment infini à la créativité du carbone. Ainsi nous avons tous en tête la fameuse double hélice de nos brins d'ADN qui s'enroulent dans une spirale de vie.

6. On ne peut que s'interroger de cette folie planétaire qui s'est emparée des hommes pour « décarboner » le monde afin de faire face à un réchauffement climatique. Ce réchauffement peut aussi trouver son origine dans mille autres raisons que l'effet de serre dû au gaz carbonique anthropique CO_2 qui n'est in fine que de la vie oxydée, de l'intelligence séquestrée et enfin libérée, un legs qui nous est donné pour bâtir le futur !

Pourquoi et comment cette créativité ?

Pour ce qui relève de la première interrogation, je répondrai que c'était déjà la vie qui se poussait du col pour surgir dans un monde complètement minéral, et j'en resterai là dans cet ouvrage car il s'agit d'une position métaphysique assumée [7].

Et pour répondre au « comment » je vais revenir à l'effet de serre que la géométrie en double hélice de l'ADN lui procure. Avec ce type d'architecture, le carbone va confiner l'énergie du rayonnement noir particulaire pour amplifier des milliers, voire des millions, de fois son pouvoir de s'associer à d'autres atomes par le biais de la force électromagnétique. Les biochimistes ont appelé ce phénomène la catalyse, alors qu'elle n'est en fait qu'un effet de serre atomique.

Comme l'atome de carbone ne fait que faiblement tourner le plan de polarisation du rayonnement, il va être à même de bâtir de longues chaînes carbonées qu'il va faire s'enrouler pour piéger au mieux le rayonnement noir et en maximiser les effets, comme s'il s'agissait d'une membrane topologique protectrice, une vraie serre.

Bien entendu cet effet de serre atomique n'explique pas complètement, et loin s'en faut, le « comment » de l'émergence de la vie, mais c'en est assurément un des points surprenants à connaître.

Après avoir lu ces lignes, il est sûr que vous aborderez la décarbonation du monde avec un autre regard, ce que nous allons d'ailleurs développer dans les chapitres suivants.

7. Le lecteur intéressé pourra consulter mes ouvrages « L'Autre Face du Monde » et « Agnus Dei » qui traient essentiellement de ces sujets.

Chapitre 5 : Les énergies fossiles

« Quand nous utilisons les énergies fossiles, c'est 3,5 milliards d'années de vie qui nous passent le témoin. »

Tout d'abord qu'est-ce que de l'énergie fossile ?

Je vais répondre par une boutade : C'est de l'intelligence séquestrée depuis des millions, voire des milliards, d'années ! C'est un legs magnifique qui nous a été fait par des espèces pour la plupart disparues. À nous d'en faire bon usage sans le dilapider...

Eh oui, cela amène à porter un autre regard sur le morceau d'anthracite, la flaque de pétrole ou la torchère de gaz qui brûle. Tout est parti encore une fois de l'atome de carbone il y a 3,8 milliards d'années. Avec l'apparition de la vie, le carbone se détache du monde minéral pour créer le monde organique que nous avons juste effleuré au chapitre précédent.

L'épopée de la vie se met en route.

Ainsi, au début du paléo-archéen surgit une bactérie primitive, baptisée procaryote. Elle nous semble aujourd'hui très rustique puisqu'elle n'est pas pourvue de noyau, mais elle dispose déjà d'un ADN sans qu'il y ait eu sélection naturelle, ce qui reste un des mystères absolus de l'apparition de la vie. Elle interagit très peu avec son environnement et dans ses premières versions elle ne dispose pas encore d'un flagelle pour se mouvoir. Elle est chimiotrophe, c'est à dire qu'elle se nourrit exclusivement de substances minérales. Elle va régner sur

Terre pendant 2 milliards d'années jusqu'à l'apparition d'une version de bactérie plus performante, l'eucaryote. Ce sont les cadavres accumulés sur 2 milliards d'années de ces primo bactéries qui vont constituer les premières réserves d'énergies fossiles.

Cette nouvelle bactérie eucaryote est beaucoup plus perfectionnée. Elle est vingt-cinq fois plus grande et quinze mille fois plus volumineuse que la bactérie procaryote. Elle dispose d'un noyau et devient à la fois chimiotrophe et phototrophe, c'est à dire qu'elle va puiser une part de son énergie directement dans le rayonnement solaire par le phénomène de la photosynthèse. Ce qui signifie que le carbone a déjà réussi à orchestrer la naissance de la molécule de chlorophylle qui ne compte pas moins de 137 atomes ! Ce changement va provoquer une première extinction de masse que l'on va appeler la catastrophe de l'oxygène. En effet, il y a 2 milliards d'années l'oxygène était très peu présent sur terre sous forme gazeuse. Il était toujours associé à d'autres atomes sous formes de molécules minérales, notamment l'eau, le gaz carbonique, le calcaire... Le phénomène de la photosynthèse qui va s'instaurer avec cette nouvelle bactérie allait libérer de l'oxygène gazeux pendant des millions d'années, provoquant une oxydation massive de l'atmosphère terrestre qui était devenue létale pour nombre de bactéries procaryotes.

Mais la vie n'allait pas s'arrêter pour autant avec l'arrivée de cette nouvelle bactérie monocellulaire, serait-elle pourvue d'un noyau. Il s'ensuivit rapidement une mutualisation des cellules pour créer les premiers êtres multicellulaires aussi bien dans les océans avec les premières algues, que sur terre avec les premiers végétaux. Ici encore, il s'agissait d'un pas de géant. Le passage du mono-cellulaire aux êtres multicellulaires, avec spécialisation des fonctions vitales, reste également un des grands mystères de la vie. Comment les cellules ont-elles été à même de « comprendre » qu'un tout pouvait être supérieur à l'ensemble de ses parties ? Cela s'est passé il y a plus ou moins 800 millions d'années, à la fin de l'ère du précambrien. Ce fut le temps de l'exubérance des algues et du végétal dévorant le gaz carbonique et les sels minéraux pour faire surgir un autre monde, le monde animal ! L'oxygène était désormais là, chassant inexorablement l'ancien monde pour en faire aboutir un nouveau ! Au temps du carbonifère des milliards de tonnes de dépouilles de plantes, d'arbustes, d'arbres s'accumulaient déjà pour constituer le charbon, alors que les cadavres d'algues marines commençaient à tapisser les fonds marins, ce qui deviendrait plus tard du gaz et du pétrole. Pendant tout ce temps la vie continuait à se complexifier. Il y a 500 millions d'années, ce fut l'invention du premier système nerveux. Il fallait encore améliorer l'efficacité des premières machines vivantes, lesquelles allaient devenir mobiles. Pour la première fois la perception du monde allait être médiatisée par une intelligence. C'était le début de l'illusion du réel.

Les générations d'espèces animales allaient s'enchainer tout en coexistant avec le monde végétal qui n'en poursuivait pas moins sa route. Avec l'émergence du monde animal, un nouveau pas avait été franchi pour apporter de l'énergie aux nouvelles espèces. On quitte en effet le fonctionnement chimiotrophe et phototrophe pour adopter un nouveau mode d'apport d'énergie, l'organotrophe. Le vivant élaboré ne se nourrit pas de « granit » ni de sels minéraux, ni même de lumière, mais de la vie elle-même... Et pour une bonne et simple raison : le potentiel énergétique du vivant.

Potentiel énergétique que l'on va retrouver dans les énergies fossiles et qui est le seul qui puisse répondre au besoin des nouvelles espèces. La vie dévore la vie dans une immense pyramide de communion, car la vie c'est de l'intelligence, c'est de l'énergie !

Pour vous en convaincre, pensez aux besoins extravagants en énergie de l'intelligence artificielle (l'IA). Bien sûr cette intelligence artificielle est de nature minérale. Elle est bien moins développée que l'intelligence organique. Elle est basée sur du silicium réagencé savamment par des hommes, eux-mêmes dotés d'une intelligence organique bien plus évoluée, remontant elle-aussi à l'origine du monde, mais ayant eu un parcours bien plus enrichissant. En comparant les besoins énergétiques, on constate que l'intelligence organique est bien mieux optimisée que l'intelligence minérale. Même si cette dernière a permis de faire sauter quelques barrières en termes de capacité et de rapidité, il n'en reste pas moins que l'IA n'est qu'un perroquet très performant d'idées reçues générées par des intelligences humaines organiques. Pour s'en convaincre, il n'est qu'à constater le biais « wokiste » californien – en fait celui des programmeurs - qui transparait dans les réponses formulées par l'IA. Rien que par cet aspect des choses, on peut déjà se rassurer sur le fait que l'IA minérale n'est pas prête à prendre le contrôle des humains...

Après ces digressions un peu métaphysiques, revenons-en aux énergies fossiles. Passons-les en revue rapidement.

Commençons par le charbon, le premier que les hommes ont commencé à exploiter d'abord pour se chauffer, puis pour faire tourner les machines à vapeur pour produire des artefacts et enfin pour se mouvoir plus vite et plus loin.

Son cycle de formation est lié à des phénomènes successifs d'immersion et d'enfouissements de dépouilles végétales au gré de l'évolution, de la géologie et du climat. Ainsi le charbon va se former en suivant différents stades de maturité. La tourbe tout d'abord que l'on trouve encore en zones marécageuses, puis le lignite qui a déjà subi une longue période de séchage, puis la houille qui concentre déjà plus de carbone et enfin l'anthracite qui est le plus énergétique. Le stock identifié de charbon est de 850 milliards de tonnes, ce qui correspond à environ 150 ans d'exploitation, quoique sa consommation connaît un fort rebond depuis trois ans du fait de la Chine qui a lancé la construction de nombreuses centrales à charbon, moins polluantes que leurs ancêtres fort heureusement. En terme énergétique, le charbon représente encore 27% des énergies fossiles utilisées.

Vient ensuite le pétrole. Autant le charbon est issu du monde végétal, autant le pétrole est issu du monde animal, donc plus intelligent et plus énergétique. Il s'est formé plus tardivement et son stock identifié, qui est de l'ordre de 170 milliards de tonnes, est moindre que celui du charbon. Au rythme de la consommation actuelle, les réserves identifiées devraient être épuisées d'ici plus ou moins soixante-dix ans, soit avant la fin de ce siècle. En terme énergétique, il représente 30% des besoins en énergies fossiles de l'humanité.

Plus récemment, de gros gisements de gaz naturel ont été découverts aussi bien en Russie qu'au Moyen Orient, au Quatar et en Iran notamment. Ces réserves de gaz, se sont constituées en synergie avec celles du charbon et du pétrole. On estime le stock disponible à 180 000 milliards de m^3, soit quatre-vingts ans de consommation, correspondant à 23% des besoins en énergie.

En plus de ces énergies conventionnelles, notons que 20% des besoins globaux en énergies fossiles sont fournis par des énergies fossiles dites non-conventionnelles comme les schistes bitumineux (au Canada notamment) et le gaz de schiste (aux USA surtout).

Notons enfin que, hormis l'Allemagne et quelques pays d'Europe de l'Est dont la Pologne, les sites d'extraction d'énergies fossiles européens sont soit fermés pour cause d'épuisement (pour raison économique, le coût d'extraction étant supérieur au cours du marché), soit d'interdiction pour des raisons écologiques (pollution, fractionnement hydraulique, ...). Certains s'en frottent les mains...

Toutes ces énergies vont ainsi contribuer à libérer dans l'atmosphère quelques milliers de milliards de tonnes de gaz carbonique d'origine organique, ce que j'appellerai de la vie oxydée pour ne pas dire du carbone éduqué. Cela fera grimper le taux de CO_2 dans l'atmosphère de 0,04 % à 0,07%. En aucun cas une fin du monde !

Nous en arrivons à l'objet de cet essai. Faut-il continuer à utiliser ou non les énergies fossiles et surtout par quoi les remplacer étant donné que leur stock est limité par nature ?

Chapitre 6 : Le gaz russe.

Avant de quitter les énergies fossiles, faisons une digression sur le gaz naturel russe qui nous concerne au premier chef.

Depuis les années 1970, l'Allemagne est à la manœuvre sur des énergies de substitution au charbon. Le nucléaire était alors un candidat tout trouvé, mais l'histoire en décida autrement. Très influencée par un pacifisme financé par la RDA qui voyait d'un mauvais œil le développement d'une industrie nucléaire forte en RFA, ce qui bien sûr avait le don d'irriter Moscou, il s'ensuivit une idéologie antinucléaire primaire toute empreinte de pacifisme profondément ancrée chez les Allemands.

Dans les années 1980, ce fut l'avènement de l'Energie Wende (le tournant énergétique) en RFA, qui proposa purement et simplement l'abandon du pétrole et de l'uranium, donc du nucléaire. La bannière anti-nucléaire de l'Energie Wende sera ensuite détournée pour lutter contre le changement climatique. La crise énergétique de l'UE était déjà en germe. Les écologistes allemands sponsorisés par les réseaux de « soft power » de l'URSS, puis de la Russie de Poutine, allaient rallier à leur cause tous leurs coreligionnaires des autres pays de l'UE. La catastrophe de Tchernobyl en 1986 allait les renforcer dans leurs convictions en y rajoutant la peur.

Ce suivisme des nations européennes derrière l'Allemagne nous a mené à la catastrophe.

Si l'Allemagne en était arrivée aux constats que le charbon s'avérait « trop sale », le nucléaire trop dangereux et le pétrole peu adapté pour faire tourner les centrales électriques, vers quelle énergie pouvait-elle donc se tourner ?

Le gaz naturel, qui était surabondant dans l'URSS, devint alors une solution évidente pour les gouvernants allemands. Ce fut le début de l'Ostpolitik promue par le chancelier Willy Brandt. Cette ouverture vers l'Est augurait de la disponibilité d'une source d'énergie relativement proche, abondante, « propre » et bon marché.

La chute du mur de Berlin en 1988, rapidement suivie par la réunification de l'Allemagne en 1990, vint couronner la politique d'ouverture à l'Est. Le démantèlement de l'URSS en 1991, qui laissa ainsi place à une nouvelle Russie, n'eut pas d'influence sur cette politique d'ouverture basée sur un doux commerce qui aurait aussi le mérite d'apaiser les tensions politiques revanchardes dans l'esprit des gouvernants allemands. Elle se poursuivra et se verra même amplifiée par tous les chanceliers qui se succèderont jusqu'à la rupture de 2022.

C'est donc à partir de 2009 que l'Europe a commencé à abandonner toute souveraineté énergétique avec la signature des contrats Gazprom et Nord Stream (les gazoducs) entre l'Allemagne et la Russie. En déléguant à l'Allemagne le soin de négocier sous la houlette de Gerhard Schroeder, ex-chancelier, sa politique énergétique, l'UE s'entravait de plein gré à une époque où il aurait fallu miser sur la fiabilité et la diversité des sources pour rester compétitif. L'Allemagne devenait de facto la plaque tournante du gaz russe en Europe du Nord et de l'Est.

Il est aujourd'hui clairement établi que GAZPROM a financé l'opposition anti-nucléaire allemande et la non-opposition au gaz naturel (russe bien entendu). GAZPROM a aussi soutenu en parallèle les énergies renouvelables non pilotables qu'elle savait pertinemment non efficaces. Toujours dans cette guerre d'influence, la société d'exploitation du gazoduc Nord Stream 1 a conclu un accord de 10 millions d'Euros avec la fondation allemande Naturschutzstiftung Deutsche Ostsee (Fondation pour la conservation de la nature de la Mer Baltique) créée par les principales ONG écologistes (WWF, BUND – la branche allemande des Amis de la Terre-, NABU, Union pour la conservation de la nature et de la biodiversité), pour faire accepter le gazoduc russe d'une part, et dissuader les Allemands de construire des terminaux pouvant accueillir des méthaniers qui auraient pu concurrencer le gaz russe d'autre part. Cet accord a été entériné par le land de Mecklembourg - Poméranie orientale !

C'est ainsi que la plupart des ONG sont devenues farouchement hostiles au nucléaire et à toutes les énergies fossiles autres que le gaz russe acheminé par gazoduc. Le gaz de schiste et le gaz acheminé par méthanier étaient eux aussi tout à fait à proscrire du fait du va et vient des méthaniers ! Après ce premier succès les Russes ont réitéré un deuxième accord avec le land de Mecklembourg - Poméranie orientale en 2021 en finançant une autre fondation à hauteur de 192 millions d'Euros (la Stiftung Klima und Umweltschutz Mecklenburg Vorpommern – Fondation pour la protection du climat et de l'environnement). L'Allemagne et une grande part de l'Europe dans son orbite était d'ores et déjà pieds et poings liés, ayant fait une croix sur sa sécurité et souveraineté énergétique. On ne peut que s'incliner devant l'habileté du FSB (les services secrets russes).

Faisant fi de toute logique entre besoin d'énergie et « pseudo » défense du climat, les Allemands sont ainsi restés figés sur leur idéologie antinucléaire, alors que cette énergie ne produit que 20 g de CO_2/KWh. Ainsi depuis 2022, dans leurs centrales électriques ils consomment sans compter du charbon et du lignite (1058 g de CO_2/KWh), et encore un peu de gaz russe (443 g de CO_2/KWh) en attendant la construction de terminaux méthaniers leur acheminant un gaz beaucoup plus cher parce que négocié en urgence.

Cette hémiplégie idéologique de l'Allemagne en matière énergétique a conduit l'UE à un vrai suicide énergétique, suicide assisté par deux totalitarismes, l'impérialisme russe d'une part (entraînant à sa suite les autres régimes autoritaires, notamment la Chine, souhaitant changer les règles de fonctionnement du monde en faisant la peau à l'Occident honni), et l'écologisme forcené et aveugle des pseudo défenseurs du climat.

Cette catastrophe du gaz russe allait aussi doper les filières des énergies renouvelables qui étaient déjà en développement, car il n'était toujours pas question de tourner casaque à propos du nucléaire, sauf pour la France qui soudain s'était dessillée.

Chapitre 7 : Les énergies renouvelables.

« En voulant s'affranchir des énergies fossiles, l'UE, emmenée par l'Allemagne, est passée d'une dépendance à une autre... »

Derrière le vocable d'énergies renouvelables se cache une réalité méconnue. Ce n'est pas le réchauffement climatique qui a déclenché leur émergence, mais la crise pétrolière de 1973.

C'est ainsi que pour ces énergies on ne parle pas de quelques années de développement mais de plus de cinquante ans de recherche ! Et après tant d'efforts, force est de constater qu'elles sont toujours marginales.

Alors que la Chine brûle à tout va du charbon bon marché tout en nous abreuvant de composants éoliens et solaires et que les Etats-Unis utilisent sans compter leur gaz de schiste, lui aussi très bon marché, qu'ils nous vendent au prix fort sous la forme de GNL pour se substituer au gaz russe, c'est en connaissance de toutes ces causes que l'Allemagne n'a pas dévié de sa stratégie de transition vers les énergies renouvelables – l'Energie Wende – qu'elle a quasiment imposée à l'ensemble de l'UE.

L'Europe peut-elle en tirer néanmoins bénéfice ?

C'est à cette question primordiale que nous allons tenter de répondre.

Une énergie électrique fournie avec des énergies primaires renouvelables comme le vent et le soleil ne coûtant rien puisqu'elles sont fournies par dame Nature, cela en a fait rêver plus d'un, à commencer par nos écologistes qui en sont littéralement tombés en pamoison ! En effet avec un stock d'énergie primaire infini, un fonctionnement (apparemment) gratuit et exempt de toute pollution et une souveraineté énergétique incontestable, il y avait de quoi.

Mais alors où donc est le problème avec ces énergies ?

Avant d'aborder les problèmes qu'elles soulèvent sur le plan fonctionnel, rappelons un point fondamental, la plupart du temps passé sous silence : Avec les énergies renouvelables nous passons d'une dépendance d'énergie primaire à une autre liée à la réalisation de la « machinerie ».

Ainsi, les générateurs d'éoliennes et les panneaux solaires font appel à des métaux classés comme critiques tant ils sont rares (et chers). Bien malheureusement, ces métaux ne sont pas disponibles en Europe, soit parce que dame nature n'y a pas pensé, soit parce que nous nous sommes interdits de les rechercher, tant leur extraction est malaisée et souvent très polluante. Mais ce qui se passe à des milliers de kilomètres de chez nous pour les extraire, est invisible pour nos écologistes et pourvu que la cause idéologique locale soit servie, pourquoi aller chercher la petite (la grosse) bête.

En important ces métaux rares, nous quittons donc progressivement une dépendance, russe notamment, liée aux énergies fossiles, pour une dépendance liée aux métaux rares, majoritairement en provenance de Chine qui les extrait et les raffine. Chacun sait que, tout comme la Russie, la Chine est une douce démocratie qui ne nous prendra jamais en otage...

Avant de traiter de la réalité fonctionnelle de ces énergies, je voudrais souligner un autre point passé sous silence pour ce qui est des éoliennes, et s'il est si souvent occulté c'est parce qu'il est invisible car enterré. En effet il s'agit des fondations de ces immenses pylônes. Chaque fondation réclame la coulée de 550 m^3 de béton, dont 500 tonnes de sable marin. Rien que ça. C'est ainsi qu'en France nous avons déjà coulé environ 5 millions de m^3 de béton pour arrimer nos 9000 éoliennes terrestres, l'équivalent de ce qui est nécessaire pour construire 20 centrales nucléaires avec une puissance énergétique n'ayant absolument rien à voir avec celle produite par nos éoliennes. Si le plan éolien terrestre français va à son terme, c'est plus de 20 millions de m^3 de béton qui seront utilisés pour notre parc d'éoliennes en 2028. Cela représentera plus que ce qui a été nécessaire à Erwin Rommel pour construire le « Mur de l'Atlantique » à la fin de la deuxième guerre mondiale (17 millions de m^3 pour les 8 000 bunkers contre 20 millions pour les éoliennes). Rappelons aussi que ces socles sont coulés à vie et pratiquement indestructibles tout comme les milliers de bunkers qui décorent nos côtes. Enfin et pour conclure à propos du béton, il m'apparaît utile de rappeler à nos écologistes que le béton nécessite beaucoup de sable marin dans sa fabrication (le sable éolien des déserts étant inutilisable car trop poli par le vent). Ainsi indépendamment de l'enlaidissement de nos paysages, les éoliennes contribuent aussi largement à la disparition progressive de nos plages et à la destruction de fonds marins.

Autre point aussi très écologique concernant la coexistence entre les éoliennes et les oiseaux. Si tous reconnaissent un réel danger pour les oiseaux qui se font happer par les pales de ces moulins géants, autant il est difficile d'obtenir des chiffres souvent dissimulés ou minimisés par les défenseurs de la filière. Si beaucoup s'accordent sur la mort d'une dizaine d'oiseaux par an et par pylône, d'autres avancent des chiffres bien plus élevés lorsque ces moulins, qui défigurent aussi nos paysages et nos campagnes, ont été installés sur des routes migratoires. Ainsi nos grands défenseurs du climat devraient bien finir par donner raison à Rachel Carson pour ce qu'elle avait écrit dans « Le Printemps silencieux » en 1962, même si c'était pour d'autres raisons.

J'en arrive maintenant et enfin aux réalités fonctionnelles des énergies renouvelables. Leur principal défaut est leur intermittence. Ainsi pour l'éolien, le facteur de charge moyen sur 5 ans est de 23% pour l'UE, 22% pour la France. Quant au solaire, il s'établit à 11% pour l'UE et la France. Pour mémoire, le facteur de charge n'indique pas le nombre d'heures de fonctionnement, mais le nombre d'heures où l'installation produit l'équivalent de sa puissance nominale, celle qui est revendiquée haut et fort par leurs défenseurs. Or il se trouve aussi que ce facteur de charge n'est pas stable au cours du temps. Ainsi une étude de 2012 sur le vieillissement des installations éoliennes a révélé que le facteur de charge était passé de 24% pour une installation neuve, à 15% au bout de 10 ans, pour arriver à 11% au bout de 15 ans ! Les principales raisons sont d'ordre mécanique directement ou indirectement, notamment du fait de la corrosion, ce qui renforce d'autant le coût de leur maintenance et le coût du KWh produit.

Certains ont argué d'un recours à un foisonnement géographique pour pallier l'intermittence de ces énergies. Mais cela ne fonctionne pas, sauf avec une dispersion sur des aires géographiques très éloignées et une multiplication des installations pour pallier les insuffisances locales. Ainsi dans le cadre d'un réseau électrique uniquement basé sur des énergies renouvelables, tel que revendiqué par les écologistes, il faut qu'une région puisse produire pour d'autres régions lorsque ces dernières sont à l'arrêt pour cause d'intermittence, ce qui reviendrait à tripler les installations pour faire face à toutes les situations, sans parler de l'interconnexion obligatoire entre toutes ces unités très éloignées les unes des autres. Toutes ces contraintes contribuent à faire déraper les coûts d'équilibrage du réseau. Ainsi en Grande Bretagne avec la mise en ligne des nouvelles installations éoliennes, les coûts d'équilibrage ont atteint la somme astronomique de 1800 millions d'Euros en 2022, soit une augmentation de 250% par rapport à 2019. Il tombe sous le sens que la multiplicité des unités de production renouvelables et non pilotables complexifie au-delà de l'entendement la régulation d'un réseau global de distribution d'énergie électrique. Le mariage du pilotable et de l'intermittent ressemble à s'y méprendre à celui de la carpe et du lapin car il faut garder à l'esprit qu'un réseau électrique doit toujours être en équilibre entre production et demande !

Ayant quand même un fond de mauvaise conscience face à cette situation, l'Allemagne a ressorti une vieille idée : produire de l'hydrogène avec le surplus d'énergie produit par les unités renouvelables lorsque cette puissance n'était pas sollicitée par le réseau. Cette idée allemande remonte à la deuxième guerre mondiale, époque où elle manquait cruellement d'énergie primaire liquide pour approvisionner ses chars en essence, ce qui avait d'ailleurs convaincu Adolf Hitler de foncer vers les champs pétrolifères de la Caspienne, jusqu'à ce que la Wehrmacht, sur contre-ordre express du Führer, ne se détourne de son objectif principal pour assiéger et prendre la ville de Stalingrad afin d'humilier Joseph Staline. On connaît la suite...

C'est ainsi que pour sauver la mise des énergies renouvelables non pilotables, l'Allemagne va tout faire pour promouvoir la production d'hydrogène, vert bien évidemment, et tenter de s'imposer comme un acteur incontournable dans cette filière. Par hydrogène vert, il faut entendre de l'hydrogène généré par l'électrolyse de l'eau (H_2O), à contrario de l'hydrogène gris qui est obtenu par vaporeformage en crackant la molécule de méthane (CH_4). Pourtant le bilan énergétique entre les deux filières n'est pas du tout le même, car il faut presque 7 fois plus (6,9 exactement) d'énergie pour casser la molécule d'eau que celle de méthane !

Alors pourquoi encore cet acharnement à choisir le moins efficace ?

Parce que la filière méthane s'appuie sur du gaz, souvent d'origine fossile, donc à proscrire, alors que l'électricité nécessaire pour casser la molécule d'eau peut être fournie par les énergies renouvelables intermittentes et non pilotables. Il faut bien utiliser cet excès d'énergie souvent produit alors que l'on n'en a pas besoin.

En plus de ces biais idéologiques, il faut en rajouter un autre, lui-aussi tout à fait inacceptable pour les écologistes radicaux. Le vaporeformage du méthane, libère du CO_2, certes bien moins puissant en effet de serre que le méthane, mais quand même ce tant soit peu s'avère tout aussi rédhibitoire !

En plus des problèmes liés à l'intermittence et à la non-pilotabilité de ces énergies renouvelables, il faut considérer également leurs coûts. Comme on pouvait s'y attendre, ceux-ci sont largement dissimulés derrière la gratuité de l'énergie primaire. Lorsqu'on se penche sérieusement sur le problème on constate que les coûts systémiques des renouvelables éolien et solaire sont en moyenne 50 fois plus élevés qu'avec des centrales à gaz et environ 15 fois plus élevés qu'avec des centrales nucléaires à fission.

Voici pourquoi.

Focalisons-nous d'abord sur l'efficacité énergétique [1] des filières du renouvelable, ce qui représente un enjeu incontournable. Si les centrales à énergies pilotables (charbon, lignite, gaz naturel, nucléaire) affichent des puissances unitaires allant de 1 à 5 GW avec des densités de puissance allant de 1000 à 6000 W/m^2, avec les centrales à énergie renouvelables on change d'ordre de grandeur, y compris pour l'hydroélectrique. Ainsi leur densité de puissance s'effondre de deux ou trois ordres de grandeur et leur puissance unitaire n'atteint jamais le GW avec une densité de puissance n'excédant jamais 10 W /m^2, ceci restant aussi valable pour les biocarburants pour lesquels la densité de puissance passe en dessous de 0,5 W/m^2 ! Un fiasco !

Et s'il n'y avait que cela. Mais le diable se cache encore plus profondément dans les détails et quand les détails deviennent monstrueux, il y a alors vraiment lieu de s'interroger. Le coût d'abord et essentiellement, car in fine il s'agit du nerf de la guerre. Malgré la gratuité de l'énergie primaire, le coût final du KWh produit s'avère complètement prohibitif. Cela provient d'abord de leur faible efficacité énergétique, sans escamoter des coûts de fonctionnement, de distribution et de stockage (ou de conversion) de l'énergie produite en surplus pour les non-pilotables (éolien et solaire).

1. Source professeur Michel Deshaies d'après une étude de Vaclav Smil « Power Density », MIT Press, 2015

Ce coût n'est supportable pour l'utilisateur final que par le biais de subventions ou de contributions déguisées dans le maquis des facturations et des taxes de l'électricité. C'est essentiellement pour cette raison que le prix du KWH d'électricité s'est envolé en Europe, non pas du seul fait de la guerre en Ukraine comme nos dirigeants l'ont laissé croire, mais aussi et surtout du fait des investissements monstrueux qu'exigeait l'émergence de ces nouvelles filières, sans ignorer que ces investissements non rentables n'ont pas profité aux industries européennes, mais à essentiellement à la Chine et aussi à quelques intervenants privés et publics opportunistes pour ne pas dire complices !

À propos du solaire, mentionnons pour mémoire la technologie du solaire thermodynamique qui consiste à utiliser des miroirs paraboliques pour concentrer l'énergie solaire sur un foyer pour chauffer un fluide (sodium fondu par exemple) et produire ainsi de la chaleur. Ces technologies sont matures mais non rentables…

En dehors des filières solaires et éoliennes, il y a d'autres techniques mobilisant une énergie primaire gratuite et, qui plus est, souvent pilotables.

Énumérons-les.

L'hydroélectrique met en jeu des retenues, des barrages et des conduites forcées adossés à des turbines et alternateurs pour produire de l'électricité. Cette énergie mature est pilotable. Elle est et de loin la plus importante et la plus fiable des énergies renouvelables primaires gratuites puisqu'elle est gravitaire. Cependant elle ne plait pas aux écologistes car elle nécessite souvent la submersion de vallées.

L'énergie de la houle, des courants, et des marées qui tire parti du mouvement des masses hydrauliques marines.

Séduisantes et très écologiques sur le papier, elles n'ont jamais pu franchir le cap de la rentabilité, notamment pour des problèmes récurrents de corrosion et de fiabilité.

L'énergie aérothermique qui consiste à pomper la chaleur de l'air ambiant (PAC). Leur rendement est lié à la météorologie. Les PAC consomment à la fois de l'énergie électrique pour faire tourner leur machinerie et des calories stockées dans l'air ambiant (en mode chauffage) pour produire de l'énergie ! Le rendement d'une PAC s'exprime par son COP (COefficient de Performance) qui excède rarement 2. C'est à dire que, par exemple, une PAC va consommer 1 KW d'électricité pour produire 2 KW de chaleur. C'est sans doute la filière la plus adaptée pour remplacer les énergies fossiles pour le chauffage et la climatisation de l'habitat, quoiqu'on ne puisse dire qu'il s'agit bien d'une filière d'énergie renouvelable car elle consomme de l'électricité.

L'énergie géothermique qui consiste à pomper la chaleur dans les couches géologiques du sous-sol. Elle n'est souvent rentable que dans les régions volcaniques ou présentant des poches d'eaux chaudes dans leur sous-sol, ce qui est très loin d'être le cas partout. Ainsi l'Islande ou la région de Larderello en Toscane qui produit 81% de l'énergie géothermique de l'UE, en sont de rares exemples. Ces captages ne fonctionnent pas non plus sans émettre beaucoup de CO_2 ! De plus l'eau géothermique est extrêmement corrosive du fait de la présence de soufre et toute la tuyauterie doit être réalisée avec des alliages spéciaux (Cu-Sn-Al) très coûteux. De plus il y a aussi des phénomènes de pollution endémique à l'ammoniac et au mercure !

L'énergie hydrothermique va tirer profit de la chaleur des eaux de surface des mers, océans et lacs pour pomper leur énergie. Mais elle présente les mêmes limites que les autres énergies d'origine marine.

La biomasse, dont on fait beaucoup de cas, tire parti de la fraction biodégradable des déchets de l'agriculture, de l'élevage, de la sylviculture, de la pêche, de l'aquaculture... À contrario de l'éolien et du solaire, mais tout comme l'hydroélectrique, la biomasse peut être stockée. Elle peut aussi être utilisée directement pour le chauffage. Mais elle n'est pas sans danger pour la santé (particules, gaz...). On parle souvent à son sujet de biogaz obtenu par fermentation, biogaz qui n'est autre que du méthane, mais il subsiste toujours un reliquat que l'on appelle le digestat dont il est difficile de se débarrasser. Le biogaz représente environ 2,5% de la consommation d'énergie totale de l'UE.

Les bioliquides combustible liquide sont obtenus également à partir de la biomasse. Ces biocarburants combustibles sont utilisés essentiellement pour le transport.

Avant de conclure ce chapitre sur les énergies renouvelables, je pense qu'il est bon de rappeler quelles sont les sources d'énergies les plus efficientes dont nous disposons.

Celle qui s'impose à nous de manière évidente, notamment pour remplacer les énergies fossiles, est l'énergie nucléaire. L'énergie nucléaire latente recelée au sein des atomes est à son minimum pour l'atome de fer et à son maximum aux deux extrémités du tableau de Mendeleïev[2] qui classent les atomes selon leur poids atomique, c'est à dire pour l'hydrogène, l'atome léger par excellence, et l'uranium, le plus connu des atomes lourds. Il s'agit d'une courbe en « U ».

2. Dimitri Mendeleïev, chimiste russe du XIXème siècle.

Au sein des étoiles la force nucléaire a tendance à transmuter les atomes vers le fer. Si la gravitation ne venait mettre un terme à ce processus, les étoiles ne produiraient que du fer. Heureusement la gravitation va finir par prendre le dessus sur l'énergie nucléaire radiative. Si la gravitation avait été un peu moins forte, l'étoile n'aurait produit que du fer, donnant ainsi naissance à un univers stérile. Heureusement ce n'est pas le cas et l'étoile va donc finir par imploser puis exploser en supernovæ. C'est à ce stade, dans ce dernier sursaut d'énergie, que vont d'ailleurs se créer les atomes lourds avec un poids atomique au-delà de celui du fer. Avec cette explosion cataclysmique, l'espace est ainsi ensemencé avec toute une panoplie d'atomes qui n'avaient pu être créés au commencement du monde. Sans ce processus le monde ne serait pas celui que nous avons sous les yeux.

Évidemment les physiciens énergéticiens civils et militaires avaient bien compris que c'était au cœur de la matière, au cœur des atomes, que résidait cette énergie « minérale » inépuisable et plus particulièrement aux deux extrémités de cette courbe en « U » avec la fission des éléments lourds comme l'uranium pour se rapprocher du fer et avec la fusion des éléments légers pour migrer également vers ce point de stabilité qu'est le fer.

En plus de cette énergie nucléaire « minérale », un miracle s'était produit autour du carbone qui avait exploité au mieux ses talents d'architecte moléculaire pour inventer l'autocatalyse qui allait conduire à l'éclosion de la vie. Comme nous l'avons vu, la vie c'est une concentration incroyable d'intelligence, donc d'énergie et nous en retrouvons tout le potentiel dans les énergies fossiles.

Compte tenu de cet état de fait, pourquoi miser encore sur le vent, ou quelques photons solaires fatigués par

150 millions de kilomètres de course dans l'espace se terminant par une traversée aléatoire de l'atmosphère alors que d'autres sources inépuisables d'énergie sont à notre disposition pour produire de l'électricité ?

Chapitre 8 : La transition énergétique.

« L'excès de vertu est pire que le vice parce qu'il est plus difficile à combattre et mène aussi immanquablement à la barbarie. »

Chantal Delsol

C'est bien à propos que j'ai choisi cette citation de Chantal Delsol comme entête de ce chapitre consacré à la transition énergétique dont le but irréfragable est de « sauver la planète ».

Qui donc prétendrait ne pas vouloir « sauver la planète » ?

Idée vertueuse s'il en est. Alors qu'est-ce qui a bien pu dérailler pour en arriver au chaos que nous sommes en train de vivre. Pour l'expliquer, il faut revenir aux écrits de l'écrivain anglais Gilbert Chesterton qui avait parlé en son temps « d'idées chrétiennes devenues folles » à propos de l'émergence du communisme qui fit des millions de morts. Ici, dans le cas qui nous occupe, nous pourrions transposer cette idée de Chesterton à la citation de Chantal Delsol, en parlant de « vertus devenues folles ».

En effet avec ce millénarisme climatique qui nous accable nous sommes largement au-delà de l'excès de vertu, nous sommes tombés dans l'idéologie, pour ne pas dire dans la folie. Et ce que la philosophe nous annonce comme le retour de la barbarie, pourrait même se décliner en ce que Samuel Huntington avait appelé : « un choc des civilisations », et ce choc pourrait s'avérer mortel pour certaines d'entre elles

Ainsi la transition énergétique est bien assurément le grand enjeu de ces vingt prochaines années. Les pays qui réussiront cette transition pourront retrouver une prospérité économique alors que d'autres, victimes d'égarements, pourraient s'en retrouver ruinés ou relégués dans les profondeurs du classement mondial. Il nous faut donc chausser les lunettes de la réalité et non celles de l'idéologie pour faire des choix réalistes du point de vue de la soutenabilité aussi bien économique que sociale, que du point de vue de l'efficacité.

Au sujet de cette transition, il convient de distinguer deux leviers d'action.

Le premier consiste à prendre toute mesure opportune pour accompagner sans trop anticiper ce qu'on ne peut prévoir et à s'adapter à ce réchauffement climatique qui s'est installé au niveau mondial depuis quelques dizaines d'années. Il s'agit non pas de le stopper comme certains prétendent pouvoir le faire à grand renfort de décarbonation, mais d'en prévenir les effets les plus perturbants sans pour autant se priver de ses effets bénéfiques, lesquels n'étant bien sûr jamais, ou si rarement, reconnus.

Le second levier sera axé sur la transition énergétique proprement dite, c'est à dire le basculement progressif de nos consommations d'énergies primaires fossiles vers des sources mixant un peu de renouvelables non-pilotables, notamment pour des zones désertiques ou isolées géographiquement, un peu plus d'énergies renouvelables pilotables comme l'hydroélectrique et la géothermie lesquelles étant déjà passablement bien déployées et un investissement massif sur les filières nucléaires, qu'elles soient à fission comme dans ses différentes versions actuellement disponibles (EPR, SMR, ...), que dans une projection plus futuriste vers la fusion des isotopes de l'hydrogène, l'énergie du soleil.

Commençons par le levier de l'adaptation. À cet égard, il convient d'observer la plus grande prudence quant aux projections cataclysmiques que beaucoup ne se sont pas privés de faire, comme nous l'avons vu précédemment. Prévoir l'évolution du climat sur des périodes longues excédant la dizaine d'années s'avère une gageure insoutenable scientifiquement parlant et ceci quelle que soit l'évolution des émissions des gaz à effet de serre (GES).

Cette adaptation est déjà à l'œuvre dans de nombreux pays. Elle consiste le plus souvent à remodeler l'habitat au sens large, aussi bien l'habitat individuel que l'habitat urbain et à faire évoluer tant que faire se peut l'aménagement des villes. C'est ainsi que des incitations fiscales sont déployées en France pour procéder à des travaux d'isolation thermique pour les logements et à arborer le plus possible les zones urbaines pour éviter et résorber les puits de chaleur.

Cependant ces politiques de soutien à la transition thermique sont souvent mises en œuvre selon un déploiement beaucoup trop rapide et coûteux pour les états et les contribuables. Ainsi, en France, cela a conduit à un effondrement de l'offre de biens à louer pour se loger, quand ceux-ci ont encore le droit de l'être eu égard à leur classement énergétique rédhibitoire, ce que l'on appelle les « passoires thermiques ». De plus les normes climatiques qui pèsent sur la construction de l'habitat neuf sont tellement contraignantes que le marché de la promotion immobilière s'est lui-aussi effondré. Si l'idée de freiner le gaspillage énergétique est une bonne chose, que ce soit pour une élévation comme pour une baisse des températures d'ailleurs, scénario qui n'est pas du tout à exclure, sa mise en œuvre doit être soutenable économiquement pour toutes les parties prenantes. Il n'y a pas le feu au lac comme le disent nos amis suisses.

Au-delà des problèmes de logement, mentionnons également le combat désespéré que certaines communes de la façade maritime ont entrepris pour préserver un trait de côte grignoté par la mer tempête après tempête en engloutissant en pure perte des dizaines de millions d'Euros. Si la mer « a décidé » d'avancer [1], nul ne pourra l'arrêter. Là encore, il faut raison garder et se contenter d'aménagements efficaces pour détourner ce phénomène que l'on ne peut contrôler. En France le fonds Barnier [2] permet déjà aux communes de se redéployer sur des zones non menacées ou de procéder à des aménagements de protection.

L'impact de ce réchauffement se fait aussi ressentir dans d'autres secteurs d'activité dont l'agriculture sous toutes ses formes. Ici-aussi, avec les manifestations agricoles qui ont secoué l'Europe l'hiver dernier, on a bien vu vers quelles bêtises pouvait conduire l'excès d'idéologie, de normes et de réglementations décidées par des technocrates déconnectés de la nature. Là encore laissons les acteurs compétents décider de leur mode de culture et des moyens à mobiliser pour les valoriser au mieux. Sauf rares exceptions, on ne peut leur faire reproche de ne pas prendre en considération la préservation de la

1. Aujourd'hui le niveau des mers monte d'environ 3 mm par an.

2. Du nom de Michel Barnier qui l'a mis en place, ancien ministre français, notamment de l'environnement, ancien commissaire européen, négociateur désigné par l'UE pour régler le problème du BREXIT.

santé humaine, de la gestion de l'eau, de la qualité de leur environnement et du maintien de la biodiversité.

Toujours dans le cadre de cette transition qu'il convient d'entreprendre et de réussir, mentionnons aussi tout ce qui a trait à la mobilité et au chauffage, sujet sensible s'il en est car toute précipitation risquerait bien de nous ruiner. Il s'agit de « la décarbonation », mot que j'abhorre, autrement dit le deuxième volet de la transition énergétique. Il s'agit de s'affranchir de l'usage des énergies fossiles primaires. C'est une ardente obligation, mais le tout est de savoir comment la réaliser, à quelle vitesse et surtout pourquoi. Car c'est la réponse à cette dernière interrogation qui va nous indiquer comment répondre aux deux premières.

La transition des énergies fossiles vers d'autres énergies primaires est nécessaire non pas pour des raisons d'évolution du climat ou de tabou, mais parce que leur stock est fini et limité. Même si on peut espérer que les moyens modernes de prospection nous fassent découvrir de nouveaux et ultimes gisements, il faut bien admettre que nous en verrons le bout, que ce soit dans soixante ans, un siècle, voire deux.

La frénésie mortifère qui s'est emparée du monde occidental et de l'Europe en particulier au sujet des énergies fossiles s'appuie essentiellement sur l'imminence d'une catastrophe climatique sans précédent dues à l'émission des GES et particulièrement du gaz carbonique.

Malgré les tympanisassions des médias et des COPs, cette obsession est surtout d'origine occidentale comme nous l'avons vu. Les BRICS et autres pays dits du Sud global n'ont d'autres soucis à court terme que d'obtenir des compensations financières et si le CO_2 en est un moyen efficace et culpabilisant pour l'Occident, alors pourquoi s'en priver ?

Il n'y a qu'en Europe, aux USA dans une moindre mesure, que les gouvernements et institutions supra nationales comme la Commission de l'UE, et bien sûr l'ONU pour des raisons essentiellement liées à la redistribution de richesses, que l'on imagine que les émissions de GES vont diminuer, voire être stoppées, pour atteindre ce mirage de la neutralité carbone à l'horizon 2050.

Voyons les derniers chiffres de l'évolution des émissions de GES au niveau mondial. Depuis 1992 (conférence de Rio). Si l'UE a réduit ses émissions de GES d'environ 23%, le monde les a globalement augmentées de 59%, avec quelques champions que l'on va mentionner comme l'Amérique du Sud qui a vu ses émissions croître de 73 %, l'Afrique de 93%, l'Inde de 280%, la Chine de 311 %, et le Vietnam de 1380 %, cette liste n'étant pas exhaustive bien sûr !

Pour illustrer ce que nous allons développer, nous nous focaliserons sur la Chine, tout en n'oubliant pas que le cas de l'Inde sera sans doute encore bien plus parlant dans un proche avenir, et pour s'en convaincre, il n'y a qu'à constater ce qui s'est passé avec l'explosion des émissions de GES dans un pays en pleine mutation industrielle et économique comme le Vietnam. Rappelons que tout en ayant pris des engagements (peu contraignants) de stabilisation et même de baisse de ses émissions de GES à partir de 2030 (autant dire demain matin) lors des accords de Paris, la Chine a décidé d'un quadruplement de ses centrales à charbon en l'espace d'un an, soit entre 2022 et 2023 [3] ! Cela ne représente pas moins de 218 GW de puissance à installer dans les prochains mois, rien que pour la filière charbon. Ainsi contrairement à ce qui avait été

3. Le Figaro, section économique du 23 février 2024

annoncé, c'est 70% de la croissance de la consommation d'énergie chinoise qui est fournie par les énergies fossiles, dont 46% pour le charbon, les 30% restant provenant de filières assimilées renouvelables, comme le nucléaire, l'hydroélectrique et enfin le solaire et l'éolien, ces deux dernières figurant surtout en tant que vitrine cache sexe pour les acheteurs européens.

Qui est le dindon de la farce ? Qui donc va faire la course économique, les yeux bandés et les pieds entravés dans un sac ?

Ce que nous venons d'évoquer pour le charbon en Chine s'avère tout aussi valable pour le pétrole. Le monde du pétrole est si puissant que jamais personne n'a pu le dominer, ni même tenter de le maitriser.

Il faut donc se faire une raison. Les énergies fossiles continueront d'être exploitées d'ici la fin du siècle et les émissions de GES continueront de croître pour atteindre entre 0,7 ‰ et 0,8 ‰ de CO_2 dans l'atmosphère. Sera-ce la fin du monde ? Non, comme nous l'avons vu, même s'il y avait une prégnance plus importante des GES sur le réchauffement que celle que nous lui prêtons aujourd'hui, cela n'empêcherait pas la Terre de tourner et le climat d'évoluer comme bon lui semble. Prédire une augmentation de 4° c des températures d'ici 2100, scénario évoqué par le GIEC et auquel la France semble vouloir souscrire, relève plus des prévisions de Madame Soleil et de la fameuse « Science » dont on nous rebat les oreilles depuis tant d'années.

Bien évidemment, faire preuve de circonspection devant les scénarios de l'apocalypse qui nous sont décrits et présentés comme inévitables, ne fait pas les affaires des apôtres de la décroissance et de la destruction de nos sociétés, surtout capitalistes, comme Andreas Malm[4], activiste suédois qui prône un retour à la barbarie avec le sabordage en règle et par la force de nos économies et de nos infrastructures, ou l'incontournable et toute aussi enjouée Greta Thunberg devant qui l'ONU et le parlement de l'UE se sont agenouillés après son apparition christique en tribune, ou encore au sein d'ONGs toutes aussi empathiques comme les « Soulèvements de la Terre » ou « Rébellion extinction ». Et pour ceux qui ne seraient pas encore convaincus de leur nocivité, référons-nous au sieur Chico Mendes, syndicaliste activiste brésilien, pour qui il va sans dire que « sans lutte des classes, l'écologie c'est du jardinage ». L'ennemi juré des écologistes climatiques c'est l'énergie, malheureusement l'énergie c'est la vie et la vie est régie par le carbone...

Pour résumer, il n'est nul besoin de s'engager dans une course de vitesse inconsidérée pour effectuer cette transition et surtout de s'interdire tout recours aux énergies fossiles pour y parvenir. Toutes ces postures qui nous coûtent une fortune ne changeront rien à l'affaire. Et c'est pourtant ce que l'Europe a décidé de faire en se cramponnant à son idéologie climatique impliquant une éradication des GES, c'est à dire une décarbonation rapide du monde, véritable suicide économique.

C'est ainsi qu'en conséquence de la crise énergétique de 2022, la commission a mis en place une nouvelle politique énergétique appelée REPower EU. La question qui s'était alors posée était la suivante :

Comment sortir de la dépendance de la Russie tout en restant dans le « Pacte vert » ?

4. Andrea Malm a publié deux ouvrages délicieux : « Comment saboter un pipeline » et « la guerre juste ».

Tout simplement en finançant 300 milliards d'Euros supplémentaire, 72 sous forme de subventions et 228 sous forme de prêts, et tout cet argent a été engagé, non pas pour financer un aggiornamento de la politique énergétique, un retour à la raison, mais pour persévérer dans des solutions dispendieuses et inefficaces !

Avant la crise ukrainienne, soit entre 2000 et 2020, l'UE avait déjà dépensé plus de 1000 milliards d'Euros pour promouvoir le solaire et l'éolien, lesquels ne représentaient que 4% des énergies primaires de l'UE en 2021. Les responsables politiques parlent plus volontiers de 18%, en omettant de dire qu'il s'agit là d'un pourcentage pour la seule production électrique, ... afin de mieux faire avaler la pilule.

L'UE est aujourd'hui dans une impasse et refuse d'admettre que la seule solution est de prolonger l'usage des énergies fossiles beaucoup plus longtemps que planifié par le « Pacte vert ». Ce qui n'est pas sans conséquence sur une transition énergétique, ici encore imposée avec un rythme et une pression insupportable sur la mobilité automobile aussi bien pour les constructeurs que les usagers, et ici encore pour la plus grande fortune des nouveaux constructeurs automobiles chinois.

Avec la propulsion électrique alimentée par batterie, l'UE va quitter une avance technologique, une relative sécurité industrielle avec des fournisseurs bien répartis pour rentrer volontairement dans une dépendance bien plus dangereuse sur nombre de points clés de la fabrication des véhicules électriques alimentés par batterie. Outre que la fabrication d'un moteur électrique nécessite six fois plus de métaux rares qu'un moteur thermique [5], la fabrication des batteries pour les alimenter va faire appel, bien plus qu'à son tour, à

5. C'est la même problématique que pour la fabrication des génératrices d'éoliennes

nombre de métaux ou pseudo métaux rares, dont la Chine ne contrôle pas moins de 40% de la chaine de valeur au niveau mondial ! Quelle indépendance pour l'UE !

Bien sûr, il n'y a pas que des inconvénients avec la motorisation électrique et loin de là. Citons surtout son rendement bien meilleur que celui du moteur thermique et son couple de puissance constant qui ne nécessite pas de boite de vitesse. Malgré ces avantages indéniables, les ennuis surgissent quand il s'agit de la gestion et du stockage du « plein » électrique. Hormis le rapport entre temps de charge électrique et temps de plein de carburant fossile ou vert, qui peut atteindre deux ordres de grandeur, la différence de densité énergétique entre l'électrique et le thermique est également problématique. Elle a été une pierre d'achoppement pour les constructeurs en termes de poids et d'encombrement des batteries[6]. N'oublions pas non plus les servitudes qui se sont imposées aux stations-services qui ont dû aménager des aires de recharges rapides avec des temps d'immobilisation par véhicule ne descendant pratiquement jamais en dessous de la demi-heure. En matière de recharge, les particuliers ont souvent dû se résoudre à faire installer des prises électriques à forte puissance avec un coût d'installation[7] élevé. Même si ce dernier poste de dépense peut faire l'objet d'une aide, l'usager ou le contribuable finit toujours par payer. Et que dire des particuliers qui habitent des appartements ! Cerise sur le gâteau cette promotion à tout crin de la voiture électrique se fait dans un contexte de crise énergétique au niveau de la production électrique. Cherchez la cohérence...

6. Un kilo de batterie électrique contient cent fois moins d'énergie qu'un kilogramme d'hydrogène comprimé à 700 bars

7. Le branchement est à faire juste derrière le compteur principal et doit être protégé séparément.

N'eut-il pas été plus raisonnable d'être plus progressif avec une transition plus longue avec le thermique. Pourquoi se mettre la rate au court-bouillon en interdisant la vente de véhicules neufs thermiques en Europe dès 2035, dans dix ans ! Encore une folie ! Et ce faisant, on ne laisse pratiquement que très peu de chance à des solutions alternatives de stockage de la puissance électrique, ou plutôt de la production in situ d'électricité basée sur l'hydrogène ou d'autres combustibles, d'arriver à maturité. Si la pile à combustible n'est pas encore tout à fait au point pour se développer à grande échelle pour la mobilité des particuliers, rien n'interdit de penser qu'elle le sera à moyen terme. Le couple pile à combustible – moteur électrique permettrait ainsi aux automobilistes de s'affranchir des temps de recharge et de leur fil à la patte tout en recouvrant des autonomies qui n'étaient envisageables qu'avec des motorisations thermiques.

Avant de quitter la mobilité, disons un mot de l'aviation. Celle-ci est bien souvent l'objet de toutes les critiques. N'oublions pas le « flygskam » suédois, cette honte de prendre l'avion qui s'est propagée à tout le monde occidental, ce qui a d'ailleurs conduit Greta Thunberg à se rendre aux États-Unis en voilier pour son intervention à l'ONU, chacun son truc. Si le développement d'alternative au kérosène est déjà bien engagé avec les bio-carburants chez les motoristes, les constructeurs gardent en ligne de mire la mise au point de nouvelles propulsions électriques, quoique pour ces dernières nous sommes encore loin du compte. Si l'on se place du seul point de vue de l'émission de GES, rappelons que le gaspillage alimentaire entraîne cinq fois plus d'émissions de GES que le transport aérien. Il n'y a donc pas de quoi traverser l'Atlantique à la rame ou à se couvrir la tête de cendres lorsque l'on prend l'avion.

Après ce passage en revue de la transition énergétique pour la mobilité, disons un mot du chauffage. Si le passage à un mode de chauffage par pompe a chaleur s'avère bien plus justifié à court et moyen terme, le cadencement de cette transition doit aussi tenir compte des possibilités économiques des parties prenantes.

Nous en arrivons maintenant à la fin de ce passage en revue de la transition énergétique en Europe. Rappelons que l'UE a décidé de mettre fin à l'utilisation des énergies fossiles dès 2050, et ceci conformément aux accords de Paris. Et pour faire bonne figure, l'UE s'est engagée à diminuer ses émissions de GES de 55% d'ici 2030 !

Comment arriver à un tel prodige ?

Rappelons que la part de l'électrique dans le mix énergétique européen était de 23% en 2021 et que la part des énergies primaires renouvelables dans la production électrique était globalement de 34% (16% pour l'hydroélectrique, 13% pour l'éolien et 5% pour le solaire).
Sachant que la promotion débridée de l'électrique pour la mobilité et le chauffage va faire grimper la part de l'électrique dans le mix énergétique bien au-delà des 23% de 2021 et que l'UE s'est imposée une part de renouvelables de 42,5% pour la production électrique en 2030, quels seront donc les gisements de croissance de la production électrique pour satisfaire à la fois à la baisse spectaculaire des GES et aux besoins accrus d'énergie électrique ?

Le nucléaire ?

Couvrez vite ce sein que je ne saurai voir, et même si, comme en France, nous nous décidions à le découvrir, cela se fera bien au-delà de 2030 !

L'hydroélectrique ?

La plupart des sites potentiels en Europe ont été déjà utilisés...

Alors quoi d'autre que le vent et le soleil...

Mais à quel prix pour les états et les citoyens ? Et avec quelle efficacité ?

Je n'ai pas les réponses à ces questions pourtant existentielles.

En fait rien n'a changé malgré la guerre en Ukraine. En fait, comme le disait le Guépard de Visconti, « il faut que tout change, pour que rien ne change... »

Ceux qui se rendent compte de l'ineptie de ces objectifs au coût faramineux et à l'efficacité contestable sont de plus en plus nombreux, ce qui a le don d'irriter les défenseurs de la cause qui deviennent de plus en plus violents et autoritaires. Nous ne sommes plus très loin d'un totalitarisme écologiste sur le plan énergétique. Malgré le tollé de citoyens qui n'en peuvent plus de payer, de se plier à des règlements de plus en plus hors sol, ce qui se traduit par des révoltes de plus en plus fréquentes et difficiles à éteindre (gilets jaunes en France, agriculteurs au niveau européen, ...), ruine et démantèlement de filières d'excellence, Bruxelles persévère dans sa fuite en avant.

En fait le marché intérieur européen de l'énergie n'est plus libre, puisqu'il y a obligation de produire avec des énergies renouvelables coûteuses et inefficaces et de se soumettre aux pressions grotesques des écologistes climatiques pour interdire tout recours aux énergies fossiles et nucléaires !

Il ne faut pas chercher plus loin pour expliquer le décrochage économique de l'Europe vis à vis des Etats-Unis. Ainsi, en 2023, le PIB [8] par habitant était de 41

8. Produit Intérieur Brut

000 $ en France et de 76 000 $ aux USA, alors qu'ils étaient pratiquement identiques au tournant du millénaire, soit un effondrement de près de 50% en un quart de siècle.

Cherchez l'erreur...

Cela se résume en un seul mot : « L'ÉNERGIE ». L'énergie c'est le nerf de la guerre. L'énergie est partout. Nous faisons appel à elle du matin au soir et du soir au matin. Quoique nous fassions, nous avons besoin d'énergie. Alors lorsque son prix s'envole, c'est la mort à petit feu, la régression. Parce que l'énergie, c'est la vie, c'est l'intelligence.

Pour illustrer ce fameux décrochage entre les deux puissances, on peut mentionner le cas du gaz de schiste en France. Pour satisfaire aux exigences des écologistes, la France a interdit l'exploration et à fortiori l'exploitation de cette ressource sur la totalité de son territoire. Nicolas Sarkozy et François Hollande, biberonnés aux injonctions des Khmers verts et de Nicolas Hulot, en ont tiré une grande fierté pour leur contribution à la sauvegarde de la planète. Résultat des courses, l'Amérique, qui n'avait pas hésité une seconde à l'exploiter, est aujourd'hui en situation de totale souveraineté énergétique malgré le relatif épuisement de son pétrole. Le coût du gaz de schiste a tellement chuté que cette énergie primaire se substitue au charbon dans nombre de centrales électriques américaines. Et pendant ce temps-là, nous importons à grands frais ce gaz, soi-disant maudit, sous forme de GNL, sans compter qu'en 2022 nous avons dû rouvrir en urgence deux centrales à charbon à Cordemais et Saint Avold et je ne m'appesantirai pas par charité sur le cas de l'Allemagne qui en a rouvert bien plus.

Essayez donc d'expliquer pourquoi nous exportons si peu. Le coût du travail en Europe, et particulièrement en

France, en est certainement une bonne raison du fait de la solidarité institutionnelle entre nations et citoyens qui correspond à nos valeurs, mais que dire aussi du coût d'une surrèglementation et surtout du coût de l'énergie. C'est l'éléphant au milieu du salon, il est tellement énorme que personne ne le voit plus ! Ainsi, le prix de l'électricité en Europe en 2024 est pratiquement le double de ce que les Américains payent aussi bien au niveau des ménages que des professionnels ! Et si l'on parle d'énergie primaire, alors là nous sortons complètement de l'épure. Il est quand même sidérant que ce handicap, voulu par les théoriciens de la décroissance, ne soit pas plus montré du doigt par les économistes, mais il est vrai que cet éléphant s'appelle aussi « Climat ».

Pour essayer d'enrayer (vainement) sa chute, l'UE tente d'instaurer une taxe carbone sur ses importations, ce qui pourrait se résumer par l'adage : « Pourquoi faire simple (en mettant un terme à sa folie normative décroissante et idéologique) en faisant (très) compliqué ». Quelle folie ! Taxer le carbone, c'est taxer la vie ! Quelqu'un s'en est-il rendu compte à Bruxelles ? Le carbone est partout, directement et indirectement, dans le vivant, dans pratiquement tous les procédés de fabrications de produits finis ou semi-finis. Pour ne prendre qu'un exemple, qui pourtant paraît à première vue très simple, le calcul de l'empreinte carbone dans la fabrication de l'acier est un véritable défi à l'entendement ! Bien évidemment, ce n'est pas l'armée de consultants de très haut niveau, grassement payés aux frais du contribuable européen, qui est déjà recrutée pour élaborer cette usine à gaz promise au désastre qui dira le contraire.

Et s'il n'y avait que ce fameux rempart de règlements et de taxes pour essayer d'enrayer le naufrage ? Eh non, les entreprises européennes (sauf les PME) sont désormais astreintes à un devoir de diligence raisonnable pour faire face au changement climatique ! Comme si nous n'étions pas déjà suffisamment entravés avec le prix de l'énergie. Et non content de cette directive imaginée par la Commission, le parlement, sous la houlette des écologistes, a complété cette directive en y introduisant la notion de délit pour « écocide », serait-il indirect. C'est ainsi que le groupe français Casino, déjà en fort mauvaise posture financière, s'est fait accuser d'écocide par un groupe d'ONG (y compris nord-américaines) pour avoir contribué à la déforestation de l'Amazonie en important de la viande en provenance d'Amérique latine.

Chapitre 9 : « Il est plus tard que tu ne penses »

Adage

Faut-il que les pays qui n'ont pas encore complètement sombré dans l'idéologie du millénarisme climatique soient pris en otage au nom de la solidarité par ceux qui s'y soumettent entièrement comme l'Allemagne. Cela interroge…

Si dans les chapitres précédents, j'ai beaucoup accablé l'Allemagne et ses écologistes sous influence russe, la France n'est pas restée en mal de bêtises vertes. À commencer par l'abandon pendant trente ans de son capital nucléaire énergétique alors que c'était son immense avantage compétitif. Après vingt ans de coupes dans les programmes de recherche et de mise en sommeil, la filière nucléaire a carrément fait l'objet d'un abandon planifié sous François Hollande. Cet enterrement de première classe sera d'abord entériné par Emmanuel Macron, jusqu'à ce qu'il ne fasse volte-face en 2022 en décrétant une relance de la filière. Entre temps Emmanuel Macron avait quand même eu le temps d'acter la fermeture du site de la centrale de Fessenheim programmée par son prédécesseur.

S'il ne s'était agi que d'un temps de pause sans investissement productif, cela ne serait pas si grave. Mais force est de constater que la perte de savoir-faire a été immense. C'est ainsi que la technologie Superphénix, développée à grands frais pendant plus de vingt ans par les chercheurs du Commissariat à l'Énergie Atomique (CEA) a été jeté aux oubliettes en 1997 par Lionel Jospin, alors premier ministre sous la présidence de Jacques Chirac. Cet arrêt du réacteur pilote qui avait pourtant atteint un taux de disponibilité de 95% en 1996, a été motivé par une tambouille électorale, la gauche plurielle, entre le parti socialiste et les verts.

Rappelons en deux mots de quoi il s'agissait. La technologie Superphénix s'appuyait sur des réacteurs à neutrons rapides utilisant du sodium fondu comme caloporteur. Cette filière à neutrons rapides permettait de recycler les combustibles usagés des filières classiques, d'où son nom. On voyait bien de suite tout l'intérêt que l'on pouvait tirer d'un tel procédé, ce qui avait fait dire à Valéry Giscard d'Estaing qui avait porté ce programme sur les fonts baptismaux, qu'une fois cette filière maitrisée, la France se trouverait sur le plan de la souveraineté énergétique dans la même position que l'Arabie Saoudite avec son pétrole. Bien évidemment cela s'avérait insupportable pour les écologistes qui n'étaient pas encore du genre climatique, mais anti-nucléaires. Après avoir traversé une période de développement chaotique du fait du harcèlement incessant des activistes suscitant manifestations sur manifestations et attaque de chantier sur attaque de chantier, allant même jusqu'à des tirs de roquettes, les verts de l'époque ont fini par gagner au chantage politique des voix ! C'est ainsi que cette filière fut abandonnée pour un plat de lentilles.

Cet effroyable gaspillage s'est reproduit en 2019 avec le gel du programme ASTRID que le CEA avait remis discrètement sur les rails à l'insu des écologistes. C'en était trop pour l'éphémère ministre de la transition énergétique, Nicolas Hulot, qui tua dans l'œuf cette idée de faire renaître Superphénix vingt ans après qu'il ait été tué une première fois par ses prédécesseurs.

2024 sera-telle l'année du réveil de l'espoir ? Il n'est pas interdit de rêver avec l'annonce récente de la signature d'un contrat entre Framatome, la Japan Atomic Energy Agency et Mitsubishi Heavy Industries pour réaliser un projet opérationnel démonstratif à l'horizon 2040...

Au-delà de ce scandale du nucléaire, la France a fait encore plus fort en s'ingéniant à ruiner son bras armé dans la production électrique : Électricité De France (EDF). Au nom du principe de libre concurrence elle laissa surgir, la plupart du temps sans raison valable, des opérateurs de distribution. Ainsi il a fallu garantir aux vendeurs d'électricité renouvelable un prix compétitif en regard avec ceux d'EDF d'origine nucléaire. Là encore l'emprise idéologique pour le climat a prévalu sur l'économie et la compétitivité, sans oublier le bon sens. C'est ainsi que tous ces fournisseurs opportunistes « d'électricité verte » pouvaient acheter leur électricité à EDF au prix de gros de 46,2 € le MWh pour le revendre aux alentours de 200 € le MWh, le prix actuel de marché. Quelle marge pour des entités n'ayant pris aucun risque industriel ! Qui n'en aurait pas profité ?

Les grands gagnants de cette dernière pantomime sont ces fameux intermédiaires, les ONG écologistes qui ont réussi à imposer leur idéologie, sans oublier l'état qui finit toujours par rattraper d'une main ce qu'il a lâché de l'autre par le biais de la TVA... Et le dindon de la farce n'est autre que le consommateur final qui se fait manipuler par des acteurs lui laissant croire que s'il paye plus cher c'est pour sauver la planète.

Comme nous l'avons vu, il n'existe plus de neutralité technologique énergétique ni en France ni au sein des institutions européennes. Il y a un primat du politique sur le scientifique. On sait malheureusement vers quels excès ce genre d'éclipse de la raison et de la pensée peut conduire. Dans l'URSS des années 1930, Trofim Lyssenko en fut un des plus pitoyables acteurs. Avec Joseph Staline, la science était ce que le dictateur voulait qu'elle soit. Dans notre Europe du XXIème siècle, si on ne parle plus de dictature, mais d'idéologie, cela revient au même.

C'est un véritable cercle vicieux qui s'est installé dans les plus hautes sphères de Bruxelles et de Strasbourg, une vraie endogamie comme le disait Samuel Furfari dans son dernier ouvrage. L'UE finance des ONG écologistes souvent extrémistes (les Russes aussi d'ailleurs, même si cela les arrange bien de laisser croire qu'ils le font surtout pour les partis d'extrême droite) qui l'alimentent en rapports alarmistes et biaisés afin de les faire appliquer politiquement. Le tout est savamment relayé par des médias acquis à la cause. Et bien sûr, l'argent coule à flot. C'est exactement ce qui s'est passé quelques années plus tôt au niveau de l'ONU avec la naissance du GIEC et la nouvelle cause du climat. Le pouvoir échappe ainsi également aux politiques pour être accaparé par des ONG qui s'imposent dans une sorte de totalitarisme idéologique, tout sauf démocratique.

Ce tournant idéologique a complètement gangrené la recherche européenne. Les directeurs de labo, qui sont à la recherche de crédits alloués par les politiques, vont s'efforcer de les satisfaire aussi bien au niveau des thèmes de programmes que des résultats attendus. Ce qui se passe au sein de labos ou d'organismes comme le GIEC et Copernicus est alarmant. Il y a de vraies rentes de situation qui se sont créées et rares sont ceux qui ont eu la force d'y renoncer pour garder une indépendance de jugement qui d'ailleurs leur ont souvent causé bien des ennuis. Gare à ceux qui critiquent la pensée unique des climatosimplistes et les énergies renouvelables éolienne et solaire.

Coincés entre les diktats de l'ONU et ceux de l'UE, les responsables politiques des états ont bien du mal à résister, surtout s'ils veulent profiter des subventions européennes pour la décroissance. Bien peu le font. Nous sommes donc pris comme des lapins dans les phares d'une voiture et c'est insidieusement et sans y penser que nous nous soumettons à cette psychose collective que sont devenus le CO_2 et le climat. Sans cette soumission à la pensée unique, on nous a convaincu que nous marcherions vers une catastrophe effroyable, toujours annoncée par des médias avides de sensationnel et d'ailleurs et heureusement pour nous, toujours reportée.

Bercée par un demi-siècle de consumérisme à tout crin et sans plus aucun repère transcendant ou spirituel, l'Europe s'est tournée vers un nouveau Dieu, ou plutôt une nouvelle déesse : Gaïa. C'est le retour à un jardin d'Eden mythifié, figé et déifié. Tout devient sacré, quitte à provoquer des famines, l'agriculture doit se refonder complètement sur une approche qui touche plus au jardinage qu'à une production nécessaire pour nourrir les hommes, et si ces nouveaux modes de culture s'avéraient insuffisants ou trop coûteux, c'est que les hommes seraient trop nombreux, voire importuns. Le sous-sol de la Terre ne doit plus être violé. Il ne doit plus être exploré ni remué. Les ressources naturelles ne doivent plus être utilisées mais sanctuarisées, les industries mécanisées doivent s'effacer devant le retour de l'artisanat. Le carbone qui est à l'origine de la vie devient le grand Satan, il faut décarboner la planète !

Il s'agit bien d'une idéologie de l'effacement car toute solution efficace, comme le nucléaire par exemple, solution qui pourrait résoudre le problème des émissions de gaz carbonique est systématiquement combattue et écartée. Il s'agit bien d'un nouveau culte de Gaïa où l'homme doit disparaître pour que survive la déesse.

Bien évidemment il ne s'agit pas de ravager le berceau dans lequel nous sommes nés comme malheureusement beaucoup s'y sont employés dans le passé. Non, il s'agit simplement de trouver de nouveaux équilibres et pour ce faire, la disponibilité d'une énergie abondante et peu coûteuse en sera une des clés de réussite.

N'en déplaise à Sandrine Rousseau, nous ne sommes pas faits pour vivre comme des poissons rouges en tournant en rond dans notre bocal sans ne rien toucher ni construire. Nous sommes nés pour cocréer, pour créer sans détruire, pour développer et améliorer la vie sur Terre pour préparer la venue de futures espèces qui nous remplaceront. Nous sommes nés pour utiliser les ressources qui nous ont été léguées, sans les gaspiller et en les recyclant autant que faire se peut. Ces ressources nous ont été transmises après avoir traversé des milliards d'années et cela sort bien évidemment du cadre minuscule de notre petite Terre et même de notre système solaire. Notre aventure est cosmique et notre terrain de jeu c'est l'univers !

Nous n'avons pas un problème de CO_2, mais, pour parler crûment, nous avons un problème de poubelles, pris au sens large. Poubelles qu'il nous faut contenir et recycler grâce à une conscience écologique bien comprise, et c'est ce que la plupart des régions du monde ont commencé à faire. Ainsi le fonctionnement de nos industries est de plus en plus propre. Les rejets et les émissions atmosphériques sont limités au maximum. Ils ont chuté de plus de 78% dans les pays développés. Paradoxalement cette limitation de rejets d'aérosols soufrés dans l'atmosphère par des techniques de « scrubbing »[1] contribue au réchauffement climatique en atténuant l'effet « parasol » de ces aérosols en haute atmosphère. Ce point fait d'ailleurs débat auprès de certains climatologues objectifs, il y en a encore quelques-uns même s'ils n'ont pas droit de cité, qui considèrent que cette limitation des rejets atmosphériques d'aérosols pourrait avoir un impact aussi important que l'effet de serre du CO_2 sur le climat !

Notons aussi que la sauvegarde de la biodiversité est de plus en plus prise en compte. Les ressources biologiques sont gérées dans un souci de pérennité. C'est ce que l'on a appelé le développement durable. Aujourd'hui, nous sommes faces à un choix existentiel, soit opter pour la décroissance et l'effacement qui nous sont proposés par les extrémistes de l'écologie et du climat emmenés par l'ONU et le GIEC, soit entériner une gestion intelligente de nos ressources pour le plus grand bien de l'humanité et ce n'est pas un réchauffement climatique, comme il y en eu tant dans le passé de la Terre qui nous en empêchera. Dans cette affaire l'Europe a déjà perdu beaucoup de temps en se fourvoyant, mais il n'est pas trop tard pour se reprendre. L'homme a surmonté bien d'autres problèmes et de plus grande envergure. Dans notre monde tout bouge, y compris le climat. La vie, l'énergie, l'intelligence sont des devenirs et le climat n'échappe pas à cette règle cosmique. Dans la controverse entre Parménide et Héraclite, c'est Héraclite qui avait raison.

1. Il s'agit en fait de séquestrer à la source ou de recycler tous les rejets gazeux indésirables issus d'un processus industriel.

Postface

« La France est un paradis peuplé de gens qui se croient en enfer »

Sylvain Tesson

Mercredi 10 avril 2024.

La nouvelle est diffusée sur toutes les radios et télévisions sans oublier les journaux :

Avec l'aide de la délicieuse Greta Thunberg, une association de Suissesses septuagénaires, sans doute trop gâtées par la vie, viennent de faire condamner la Suisse - comme chacun sait, un pays sale, pollué, peu recommandable avec un Indice de Développement Humain très bas - pour inaction climatique menaçant la santé publique.

Le duo infernal, constitué par COPERNICUS pour affoler et la Cours Européenne des Droits Humains (CEDH) de Strasbourg pour condamner, vient encore de se distinguer.

Une autre nouvelle suit, économique cette fois, ExxonMobil ferme ses activités de vapocraquage à Port Jérôme et envisage de le faire à Fos sur mer du fait de l'envolée des prix de l'énergie. 677 emplois sont menacés rien que pour la Normandie.

Quelques minutes plus tard, ARTE diffuse en prime time une très belle émission « Une planète vivante ». Images superbes, mais ici encore commentaire anxiogène, geignard, larmoyant et culpabilisant, égrenant au passage quelques contre-vérités sur le climat. Avec ce « De Profundis » sans fin, on en vient à se demander si l'on ne va pas sauter dans le premier canal venu plutôt que de se réjouir l'âme avec la beauté du monde,

Mais quel est donc ce qui relie ces trois événements ?

L'idéologie climatique évidemment !

Ces trois évènements, reliés par la doxa en cours, ne sont pas espacés de plusieurs jours, non, ils se sont produits en quelques heures. Et cela se répète quasiment tous les jours, la plupart du temps à notre insu, et si nous ne le percevons pas, cela s'imprime néanmoins dans notre inconscient avec tous les effets délétères que l'on peut constater aujourd'hui.

Quand changerons-nous notre regard sur le monde ?

Nous vivons dans un paradis et nous nous croyons en enfer, comme le dit si bien Sylvain Tesson.

Nous vivons dans une soumission permanente à des démiurges qui prétendent commander au climat, faisant preuve par-là d'un hubris incroyable, et qui sont par ailleurs incapables de présenter des solutions raisonnables, si ce n'est la décroissance, à l'épanouissement de l'humanité.

Et si au lieu de chercher midi à quatorze heures, nous renoncions à « décarboner » le monde et à « sauver la planète » d'un danger illusoire, alors que nous pourrions rétablir un recours raisonnable aux énergies fossiles le temps de rénover et de faire croître notre parc nucléaire, sans épargner aussi nos efforts pour développer les énergies du futur comme la pile à combustible pour la mobilité en remplacement des batteries polluantes bien peu écologiques et la fusion nucléaire pour la production électrique.

Dans cette période de transition, rien n'interdit non plus d'arrêter ou de contenir le gaspillage de ces énergies fossiles. En effet la profusion de ce legs venant des espèces qui nous ont précédés sur cette Terre, nous a fait dilapider outre mesure ce cadeau de la vie. Ainsi, encore aujourd'hui, près de 60% de l'énergie primaire est gaspillée (24% pour la production d'électricité, 22% dans le secteur des transports - le moteur thermique a un très mauvais rendement -, et 13% dans l'industrie) ! Bien sûr, les lois de la thermodynamique limitent la marge de progrès, mais il y en a quand même un peu.

Au sujet des énergies fossiles, rappelons qu'il devient pratiquement impossible à une société comme TOTAL de trouver des financements en Europe comme en France, tant ces énergies sont considérées comme sales et ceux qui les manipulent comme malfaisants. C'est ainsi que TOTAL, fleuron de notre économie, ne sait toujours pas s'il pourra implanter un centre de recherche à Saclay après l'opposition vent debout de l'école Polytechnique. Tout cela pour dire que ce n'est pas sans raison que la société pense à faire appel à la bourse américaine de New York pour financer son développement. Quel magnifique résultat pour l'Europe et pour la France !

Avec la COP de Dubaï en 2023 (88 000 participants !), un petit espoir de retour à la sagesse et à l'intelligence semble pourtant s'être produit. Le gaz naturel et le gaz de schiste, toujours interdits de recherche en France, ont été confortés dans leur statut d'énergie de transition ainsi que le nucléaire.

Qu'attend donc l'UE pour le reconnaître et les soutenir sans discrimination alors que nous assistons à une montée des orages sur les filières industrielles et agricoles européennes ?

Comment pouvons-nous nous réindustrialiser, sauver notre agriculture et continuer à exporter les quelques biens et denrées que nous sommes encore capables de produire avec les quatre plaies que sont notre effondrement éducatif, un coût de l'énergie qui échappe à tout contrôle, une surrèglementation kafkaienne (surtout écologique) et enfin un coût du travail hors norme ?

C'est à l'Europe de répondre à ces questions existentielles. Personne ne le fera à sa place...

Bibliographie

CLIMAT, LA PART D'INCERTITUDE – Steven E. Koonin

MYTHES ET LÉGENDES ÉCOLOGISTES – Benoit Rittaud

CO_2 UN MYTHE PLANÉTAIRE – Christian Gérondeau

ÉNERGIE, MENSONGES D'ÉTAT – Samuel Furfari

SAPIENS ET LE CLIMAT – Olivier Postel-Vinay

Table des matières

Dépôt légal mars 2025

Librinova

www.librinova.com

www.ingramcontent.com/pod-product-compliance
Lightning Source LLC
LaVergne TN
LVHW022103200926
848481LV00003B/1049
9791040573920